高等学校"十二五"规划教材·计算机软件工程系列

软件项目管理

韩启龙　主　编

哈尔滨工业大学出版社

内 容 简 介

《软件项目管理》是针对计算机软件工程专业编写的一本软件项目管理的实用性教材。全书以软件项目实例为驱动,从软件生命周期各个阶段出发,系统介绍软件项目管理及软件过程改进的相关知识及方法。全书共 11 章,包括软件项目管理概述、立项管理、项目评审管理、项目初步计划、需求开发及管理、项目估算及详细计划、软件配置管理、产品及过程质量保证、软件风险管理、项目跟踪及控制、软件结束过程等内容。

本书可作为高等院校信息、软件、计算机科学与技术等专业的学生用书,也可供从事软件项目管理工作的人员参考。

图书在版编目(CIP)数据

软件项目管理/韩启龙主编. —哈尔滨:哈尔滨
工业大学出版社,2012.3
ISBN 978 - 7 - 5603 - 3481 - 3

Ⅰ.① 软… Ⅱ.①韩… Ⅲ.①软件开发 – 项目管理
Ⅳ.①TP311.52

中国版本图书馆 CIP 数据核字(2012)第 012513 号

策划编辑　王桂芝　赵文斌
责任编辑　刘　瑶
封面设计　刘长友
出版发行　哈尔滨工业大学出版社
社　　址　哈尔滨市南岗区复华四道街 10 号　邮编 150006
传　　真　0451 - 86414749
网　　址　http://hitpress.hit.edu.cn
印　　刷　黑龙江省地质测绘印制中心印刷厂
开　　本　787mm×1092mm　1/16　印张 12.25　字数 288 千字
版　　次　2012 年 3 月第 1 版　2012 年 3 月第 1 次印刷
书　　号　ISBN 978 - 7 - 5603 - 3481 - 3
定　　价　28.00 元

高等学校"十二五"规划教材

计算机软件工程系列

编审委员会

◎ 序

随着计算机软件工程的发展和社会对计算机软件工程人才需求的增长,软件工程专业的培养目标更加明确,特色更加突出。目前,国内多数高校软件工程专业的培养目标是以需求为导向,注重培养学生掌握软件工程基本理论、专业知识和基本技能,具备运用先进的工程化方法、技术和工具从事软件系统分析、设计、开发、维护和管理等工作能力,以及具备参与工程项目的实践能力、团队协作能力、技术创新能力和市场开拓能力,具有发展成软件行业高层次工程技术和企业管理人才的潜力,使学生成为适应社会市场经济和信息产业发展需要的"工程实用型"人才。

本系列教材针对软件工程专业"突出学生的软件开发能力和软件工程素质,培养从事软件项目开发和管理的高级工程技术人才"的培养目标,集9家软件学院(软件工程专业)的优秀作者和强势课程,本着"立足基础,注重实践应用;科学统筹,突出创新特色"的原则,精心策划编写。具体特色如下:

1. 紧密结合企业需求,多校优秀作者联合编写

本系列教材编写在充分进行企业需求、学生需要、教师授课方便等多方市场调研的基础上,采取了校企适度联合编写的做法,根据目前企业的普遍需要,结合在校学生的实际学习情况,校企作者共同研讨、确定课程的安排和相关教材内容,力求使学生在校学习过程中就能熟悉和掌握科学研究及工程实践中需要的理论知识和实践技能,以便适应就业及创业的需要,满足国家对软件工程人才的需要。

2. 多门课程系统规划,注重培养学生工程素质

本系列教材精心策划,从计算机基础课程→软件工程基础与主干课程→设计与实践课程,系统规划,统一编写。既考虑到每门课程的相对独立性、基础知识的完整性,又兼顾到相关课程之间的横向联系,避免知识点的简单重复,力求形成科学、完整的知识体系。

本系列教材中的《离散数学》、《数据库系统原理》、《算法设计与分析》等基础教材在引入概念和理论时,尽量使其贴近社会现实及软件工程等学科的技术和应用,力图将基本知识

与软件工程学科的实际问题结合起来,在具备直观性的同时强调启发性,让学生理解所学的知识。《软件工程导论》、《软件体系结构》、《软件质量保证与测试技术》、《软件项目管理》等软件工程主干课程以《软件工程导论》为线索,各课程间相辅相成,互相照应,系统地介绍了软件工程的整个学习过程。《数据结构应用设计》、《编译原理设计与实践》、《操作系统设计与实践》、《数据库系统设计与实践》等实践类教材以实验为主题,坚持理论内容以必需和够用为度,实验内容以新颖、实用为原则编写。通过一系列实验,培养学生的探究、分析问题的能力,激发学生的学习兴趣,充分调动学生的非智力因素,提高学生的实践能力。

相信本系列教材的出版,对于培养软件工程人才、推动我国计算机软件工程事业的发展必将起到积极作用。

2011 年 7 月

◎ 前言

　　软件项目管理是为了使软件项目能够按照预定的成本、进度、质量顺利完成,而对人员(People)、产品(Product)、过程(Process)和项目(Project)进行分析和管理的活动。

　　软件项目管理的根本目的是为了让软件项目尤其是大型项目的整个软件生命周期(从分析、设计、编码到测试、维护全过程)都能在管理者的控制之下,以预定成本按期、按质地完成软件交付用户使用。而研究软件项目管理为了从已有的成功或失败的案例中总结出能够指导今后开发的通用原则、方法,同时避免重复前人的失误。

　　软件项目管理的内容主要包括如下几个方面:人员的组织与管理,软件度量,软件项目计划,风险管理,软件质量保证,软件过程能力评估,软件配置管理等。

　　以上内容都是贯穿、交织于整个软件开发过程中的,其中人员的组织与管理把注意力集中在项目组人员的构成、优化;软件度量把关注用量化的方法评测软件开发中的费用、生产率、进度和产品质量等要素是否符合期望值,包括过程度量和产品度量两个方面;软件项目计划主要包括工作量、成本、开发时间的估计,并根据估计值制订和调整项目组的工作;风险管理预测未来可能出现的各种危害到软件产品质量的潜在因素并由此采取措施进行预防;质量保证是保证产品和服务充分满足消费者要求的质量而进行的有计划、有组织的活动;软件过程能力评估是对软件开发能力的高低进行衡量;软件配置管理针对开发过程中人员、工具的配置、使用提出管理策略。

　　本书结合当今软件项目管理的实际情况和积累多年的经验,对软件项目管理进行了系统的总结。本书是一本系统的、有针对性的、具有实用价值的教材,对于从事软件项目管理工作的人员及与软件项目开发相关的人员都会有很好的借鉴作用。

　　参与本书编写的有韩启龙、孙博玲、耿文丽、李晓会、徐红波等,在此一并表示感谢。本书的出版得到了哈尔滨工程大学印桂生教授、邢薇教授、董宇欣副教授的鼓励和支持,在此表示衷心感谢。

　　由于作者水平有限,难免有疏漏之处,请读者提出宝贵意见,以利于以后改进。

2011 年 11 月

编者

目录◎

Contents

目录 Contents

第 1 章
软件项目管理概述

学习目标:项目是与我们每个人经济生活密切相关的活动。通过本章的学习,要求初步掌握项目的特征、软件项目要素、软件项目管理的范围、过程管理及软件项目管理过程,并要了解质量管理体系 ISO 9001、项目管理知识体系 PMBOK 及软件能力成熟度模型集成 CMMI 3种产品质量管理的标准体系。

1.1 项目与软件项目

无论是"项目""软件",还是"软件项目"已经越来越被人们所熟悉,而且普遍存在于日常生活中。而软件行业是一个极具挑战性和创造性的新行业,在管理上没有很成熟的经验可供借鉴。

1.1.1 项目及其特征

人类社会和日常生活中有很多活动,有的活动可以称为"项目",有的不能称为项目。所谓项目(Project),就是为了创造一个唯一的产品或提供一个唯一的服务而进行的临时性的努力;是以一套独特而相互联系的任务为前提,有效地利用资源,为实现一个特定的目标所做的努力。项目是一个特殊的将被完成的有限任务,它是在一定时间内满足一系列特定目标的多项相关工作的总称。

从野餐活动到大型聚会,从阿波罗登月到微软的操作系统,从修建三峡到神州发射都是项目,一般来说,工作活动包括日常运作和项目,它们虽然有共同点,如它们都需要由人来完成,都受到有限资源的限制,都需要计划、执行及控制,但是项目是组织层次上进行的具有时限性和唯一性的工作,有的需要一个人,有的涉及成千上万的人,有的需要 100 小时完成,有的也许要 10 年 1 000 人完成等。"上班""批量生产""每天的卫生保洁"等是属于日常运作,不是项目。项目与日常运作的区别是:

①项目是一次性的,日常运作是重复进行的;

②项目是以目标为导向的,日常运作是通过效率和有效性体现的;

③项目是通过项目经理及其团队工作完成的,而日常运作是职能式的线形管理;

④项目存在大量的变更管理,而日常运作则基本保持持续的连贯性。

项目的特征如下:

(1)目标性。项目工作的目的在于得到特定的结果,即项目是面向目标的。其结果可能是一种产品,也可能是一种服务。目标贯穿于项目始终,一系列的项目计划和实施活动都是围绕这些目标进行的。例如,一个软件项目的最终目标可以是一个学生成绩管理系统,另外一个软件系统的目标可能是一个证券交易系统等。

(2)相关性。项目的复杂性是固有的,一个项目里有很多彼此相关的活动。例如,某些活动在其他活动完成之前不能启动,而另一些活动则必须并行实施,如果这些活动相互之间不能协调地开展,就不能达到整个项目的目标。

(3)周期性。项目要在一个限定的期间内完成,是一种临时性的任务,有明确的开始点和结束点。当项目的目标达到时,意味着项目任务完成。项目管理的很大一部分精力是用来保证在预定时间内完成项目任务,为此而制订项目计划进度表,标识任务何时开始、何时结束。项目任务不同于批量生产。批量生产是相同的产品连续生产,取决于要求的生产量,当生产任务完成时,生产线才停止运行。这种连续生产不是项目。

(4)独特性。在一定程度上,项目与项目之间没有重复性,每个项目都有其独自的特点。每一个项目都是唯一的。如果一位工程师正在按照规范建造第50栋农场式的住宅,其独特性一定很低,它的基本部分与已经造好的第49栋是相同的,如果说有特殊性也只是在于地基的土壤不同,使用了一个新的热水器,请了几位新木工等。然而,如果为新一代计算机设计操作系统时,其工作必然会有很强的独特性。这个项目以前没有做过,以前的经验能提供的帮助不多,而且会存在很大的风险和很多不确定性因素。

(5)约束性。每一个项目都需要运用各种资源来作为实施的保证,而资源是有限的。所以,资源成本是项目成功实施的一个约束条件。

(6)不确定性。一个项目开始前,应当在一定的假定和预算基础上准备一份计划,但是,在项目的具体实施中,外部和内部因素总是会发生一些变化,因此项目也会出现不确定性。

1.1.2 软件项目

软件是计算机系统中与硬件相互依存的部分,它是包括程序、数据及其相关文档的完整集合。其中,程序是按事先设计的功能和性能要求执行的指令序列;数据是使程序能正常操纵信息的数据结构;文档是与程序开发、维护和使用有关的图文材料。

软件项目除了具备项目的基本特征之外,还有如下特点:

(1)软件是一种逻辑实体,不是具体的物理实体,它具有抽象性。这使得软件与其他的诸如硬件或者工程类有很多的不同。

(2)软件的生产与硬件不同,开发过程中没有明显的制造过程,也不存在重复生产过程。

(3)软件没有硬件的机械磨损和老化问题。然而,软件存在退化问题,在软件的生存期中,软件环境的变化将导致软件失效率提高。

(4)软件的开发受到计算机系统的限制,对计算机系统有不同程度的依赖。

(5)软件开发至今没有摆脱手工的开发模式,软件产品基本上是"定制的",做不到利用现有的软件组件组装成所需要的软件。

(6)软件本身是复杂的。来自于应用领域实际问题的复杂性和应用软件技术的复杂性。

(7)软件的成本相当昂贵。软件开发需要投入大量的、复杂的、高强度的脑力劳动,因此成本比较高。

(8)很多的软件工作涉及社会的因素,比如,许多软件的开发要受到机构、体系和管理方式等问题的限制。

软件项目是一种特殊的项目,它创造的唯一产品或者服务是逻辑载体,没有具体的形状和尺寸,只有逻辑的规模和运行的效果。软件项目不同于其他项目,软件是一个新领域而且涉及因素比较多,管理比较复杂。目前,软件项目的开发远远没有其他领域的项目规范,很多理论还不能适应所有软件项目,经验在软件项目中仍起很大的作用。软件项目由相互作用的各个系统组成,"系统"包括彼此相互作用的部分,软件项目中涉及的因素越多,彼此之间相互的作用就越大。另外,变更在软件项目中也是常见的现象,如需求的变更、设计的变更、技术的变更、社会环境的变更等,所有这些都说明软件项目管理的复杂性。

项目的独特性和临时性决定了项目是渐进明细的。软件项目更是如此,因为软件项目比其他项目有更强的独特性。"渐进明细"表明项目的定义会随着项目团队成员对项目、产品等理解认识的逐步加深而得到逐渐深入的描述。

软件行业是一个极具挑战性和创造性的行业,软件开发是一项复杂的系统工程,牵涉到各方面的因素。在实际工作中,经常会出现各种各样的问题,甚至面临失败。如何总结、分析失败的原因,得出有益的教训,是今后的项目中取得成功的关键。

1.1.3 软件项目要素

简单地说,项目就是在既定的资源和要求的约束下,为实现某种目的而相互联系的一次性工作任务。软件项目的要素包括软件开发的过程、软件开发的结果、软件开发赖以生存的资源以及软件项目的特定委托人(客户)。它既是项目结果的需求者,也是项目实施的资金提供者。

一个成功的项目应该是在工程允许的范围内满足成本、进度和客户满意的产品质量。所以,项目目标的成功实现受 4 个因素制约:项目范围、成本、进度计划和客户满意度,如图1.1 所示。项目范围是为使客户满意,必须做的所有工作。项目成本就是完成项目所需要的费用。项目进度是安排每项任务的起止时间以及所需的资源等,是为项目描绘的一个过程蓝图。项目范围就是在一定时间、预算内完成工作范围,以使客户满意。客户能否满意要看交付的成果的质量,只有客户满意才能意味着可以更快地结束项目,否则会导致项目的拖延,从而增加额外的费用。

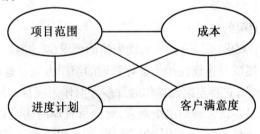

图 1.1   项目目标成功实现的制约因素

1.2 项目管理与软件项目管理

项目普遍存在于人们的工作和生活中,如何管理这些项目就是一项需要研究的任务。项目管理起源于美国,20 世纪 40 ~ 50 年代主要应用于国防和军工项目,后来被广泛应用于工商、金融、信息等产业以及行政管理领域。目前,项目管理已经成为综合多门学科的新兴研究领域,其理论来自于项目管理的工作实践。所谓项目管理就是指把各种系统、方法和人员结合在一起,在规定的时间、预算和质量目标范围内完成项目的各项工作。

对一个组织的管理而言,主要包括三个部分:战略管理、运作管理及项目管理,如图 1.2所示。

图 1.2   三种管理的关系

战略管理(Strategy Management),是从宏观上帮助企业明确和把握企业的发展方向。

运作管理(Operation Management),是对日常的、重复性工作的管理。

项目管理(Project Management),是对一次性的、创新性工作的管理。

项目是企业的最小赢利单位,因此项目管理是构筑企业利润的基石。从这种意义上说,项目管理是企业的核心竞争力所在。由于项目管理具有效率高、反应灵敏的优点,所以更多的企业希望采取项目式管理方式,从而可以对用户反应更及时,管理更高效,以提高企业的管理质量。

1.2.1   项目管理的定义

项目管理是指一定的主体,为了实现其目标,利用各种有效的手段,对执行中的项目周期的各阶段工作进行计划、组织、协调、指挥、控制,以取得良好经济效益的各项活动的总和。通过项目各方干系人的合作,把各种资源应用于项目,以实现项目的目标,使项目干系人的需求得到不同程度的满足。要想满足或超过项目干系人的需求和期望,就需要在下面这些相互间有冲突的要求中寻求平衡:

(1)范围、时间、成本和质量。

(2)有不同需求和期望的项目干系人。

(3)明确表示出来的要求(需求)和未明确表达的要求(期望)。

项目管理有时被描述成对连续性操作进行管理的组织方法。这种方法更准确地应该被称为"由项目实施的管理",它将连续性操作的许多方面作为项目,以便对其采用项目管理的方法。对于一个通过项目实施管理的组织而言,对项目管理的认识显然是非常重要的。

项目管理是要求在项目活动中运用知识、技能、工具和技术,以便达到项目目标的活动。它伴随着项目的进行而进行,目的是为了确保项目能够达到预期结果的一系列管理行为。正如 Mulcahy 所言:"项目经理的工作是'奇妙的''伟大的',但是也是非常有技巧的。"项目管理类似导弹发射控制过程,需要一开始就设定好目标,然后在飞行中锁定目标,同时不断调整导弹的方向,使之不能偏离正常的轨道,最终击中目标。

1.2.2   软件项目管理的定义

软件项目管理是为了使软件项目能够按照预定的成本、进度、质量顺利完成,而对成本、人员、进度、质量、风险等进行分析和管理的活动。项目管理是项目能否高效、顺利进行的一项基础性的工作。

当前社会的特点是"变化",而这种变化在信息产业中体现得尤为突出,技术创新速度越来越快,用户需求与市场不断变化,人员流动也大大加快。在这种环境下,企业需要应对的变化以及由此带来的挑战大大增加,这也给企业管理带来了很多问题和挑战。目前,软件开发面临很多的问题,例如:

(1)在有限的时间、资金内,要满足不断增长的软件产品质量要求。

(2)开发的环境日益复杂,代码共享日益困难,需跨越的平台增多。

(3)程序的规模越来越大。

(4)软件的重用性需要提高。

(5)软件的维护越来越困难等。

因此,软件项目管理显得更为重要。软件项目管理的提出是在20世纪70年代中期的美国,当时美国国防部专门研究了软件开发不能按时提交、预算超支和质量达不到用户要求的原因,结果发现70%的项目是因为管理不善引起的,而非技术原因。于是软件开发者开始逐渐重视软件开发中的各项管理。到了20世纪90年代中期,软件项目管理不善的问题仍然存在。据美国软件工程实施现状的调查,软件研发的情况仍然很难预测,大约只有10%的项目能够在预定的费用和进度下交付。

软件项目管理和其他项目管理相比有一定的特殊性。

(1)软件是纯知识产品,其开发进度和质量很难估计和度量,生产效率也难以预测和保证。与普通的项目不同,软件项目的交付成果事先“看不见”,并且难以度量。特别是很多应用软件项目已经不再是业务流程的“电子化”,而是同时涉及业务流程再造或业务创新。因此,客户在项目早期对到底要做成什么样,确实很难说清楚,但这一点对于软件项目的成败恰恰又是至关重要的。与此矛盾的是,公司一般是由市场销售人员负责谈判,其重点是迅速签约,而不是如何交付,更有甚者,为了尽早签约而“过度承诺”。遇到模糊问题时也怕因为解释而节外生枝,所以避而不谈,而甲方为了保留回旋余地,也不愿意说得太清楚,更不愿意主动提出来(因为甲方还有最终验收的主动权)。项目经理一旦接手,所有这些没有说清楚的隐患和口头承诺都将暴露出来,并最终都由项目经理承担。

(2)项目周期长,复杂度高,变数多。IT项目的交付周期一般都比较长,一些大型项目的周期可以达到2年以上。这样长的时间跨度内可能发生各种变化。软件系统的复杂性也导致了开发过程中各种风险的难以预见和控制。从外部来看,商业环境、政策法规的变化会对项目范围、需求造成重大影响。例如,作者曾经从事的金融项目,临近上线时国家推出了“利息税”政策,造成整个系统的大幅变更。从内部来看,组织结构、人事变动等对项目的影响更加直接。有时,新的领导到任,其思路的变化,甚至对项目的重视程度的变化,都可能直接影响项目的成败。软件项目管理中有一个重要的生存法则:“不要相信任何人的口头承诺”。就是这个原因,即使是绝对信赖的人,也可能发生人事变动,之后却无法保证继任的人能够继续兑现承诺。

(3)软件需要满足一群人的期望。软件项目提供的实际上是一种服务,服务质量的好坏不仅仅是最终交付的质量,更重要的是客户的体验。实际上,项目中的“客户”不是一个人,而是一群人!他们可能来自多个部门,对项目的关注点不同,在项目中的利益(得与失)也不同。所以,当我们谈到满足“客户需求”的时候,实际的意思是“满足一群想法和利益各不相同的人的需求”。

有了项目管理,就有了管理改进的基础,无论刚开始的项目管理多么糟糕,只要有管理,

就有了改进的可能性。所以,进行软件项目管理是必要的。像 Windows 这样的操作系统有
1 500 万行以上的代码,同时有数千个程序员在进行开发,项目经理达到上百个。这样庞大
的系统如果没有很好的管理方法,其软件质量是难以想象的。

1.2.3　软件项目管理与软件工程的关系

软件工程可以分为三个部分,即软件工程可以包括三条重要的线索:第一条线索是软件
项目开发过程;第二条线索是软件项目管理过程;第三条线索是软件过程改进,如图 1.3 所
示。

图 1.3　软件工程的三条线索

开发过程是软件人员生产软件的过程(如需求分析、设计、编码、测试等),相当于机械流
水线上的生产过程;管理过程是项目管理者规划软件开发、控制软件开发的过程,相当于机
械流水线上的管理过程;同理,过程改进相当于对软件开发过程和软件管理过程的"工艺流
程"进行管理和改进,它包括对开发过程和管理过程的定义和改进,如果没有好的工艺,就生
产不出好的产品。

在现实软件项目中,人们更注意软件的开发过程,经常忽略软件管理过程和过程改进,
其实后两者很重要,甚至超过软件开发过程的重要性。随着软件的不断发展,软件规模的不
断壮大,软件开发也会逐步向软件工厂化发展,软件项目开发过程就相当于软件工厂中生产
车间的生产过程,而生产工艺的制订、生产内容、生产质量、生产时间和生产成本等工作都是
项目管理的工作。软件开发过程的工作更多的是软件设计、编码等,项目管理的工作更多的
是如何保证软件的成功,可能在有些人看来编码人员的工作更实在一些,项目管理的工作好
像不实在。其实,这是一个误会,项目管理可以让一个项目获得高额的盈利,也可以让一个
项目损失惨重,但是编码人员就不会有这种影响力。让软件工程成为真正的工程,就需要软
件项目的开发、管理和过程等方面规范化、工程化、工艺化和机械化。

软件项目管理的根本目的是为了让软件项目尤其是大型项目的整个软件生命周期都能
在管理者的控制之下,以便预定成本,按期、按质地完成软件并交付用户使用。而研究软件
项目管理是为了从已有的成功或失败的案例中总结出能够指导今后软件开发的通用原则和
方法,以避免前人的失误。

1.3　项目管理的范围

项目管理的五要素有技术(Technical)、方法(Methodology)、团队建设(Team Building)、
信息(Information)及沟通(Communication)。项目管理是技术,也是方法,是技巧,也是信息,
当然也需要团队建设。其中沟通非常重要,项目经理主要的工作是沟通。沟通包括技术的

沟通、管理的沟通和质量的沟通等很多方面。

有效的项目管理集中在三个 P 上：人员（People）、问题（Problem）和过程（Process）。

1. 人员

事实上，人的因素非常重要，是项目最为宝贵的财富，软件行业更是这样。以至于软件工程研究所专门开发了一个人员管理能力成熟度模型（PM – CMM），它为软件人员定义了招聘、人员选择、业绩管理、培训、报酬、专业发展、组织和工作计划以及团队精神、企业文化培养等关键实践域。

使用人必须先信任人、培养人，给他一个发展的空间，让他看到希望，感到工作的过程是一个自身价值升值的过程。需要建立一个祥和、友善、互助和向上的企业文化氛围。相互间的技术保密、妒忌是软件公司的大忌。首先，技术管理人员要有一颗平常心，不要太多地被名利所左右。公司先解决好技术管理层的问题，公司如何制定提升和奖励政策，也会在这方面起引导作用。工作的安排要合适，任务要明确，多协作、少冲突，避免在同一领域展开员工间不必要的竞争，需要多人完成一项工作时要新老结合，高低结合。人的提升有多种途径，在用人的过程中，根据每个人不同的喜好和性格设计不同的发展路径，必要时可以和当事人交流，将公司对他的期望和他本人的努力统一起来。人的提升感重在自身价值在集体中被承认、被认同和被同仁接受。

2. 问题

项目经理的一个重要任务是发现问题和解决问题。明确该项目的目的和范围，选择合适的解决方案，定义技术和管理的约束，进行成本估算和有效的风险评估，适当地划分项目任务或给出意义明确的项目进度等都是需要解决的问题。在项目的实施过程中又会出现很多的新问题，需要及时地发现和解决。

3. 过程

单纯注重项目管理技术本身，是无法对项目管理能力有实际提高的，因此这里要引申出过程管理，过程管理也是项目管理的任务，下节将详细说明。

软件项目管理的四大变量为：范围、质量、成本以及交期。项目管理需要在相互间具有冲突的要求中寻求平衡：①范围、成本、质量和交期；②具有不同需求和期望的项目相关人员；③明确表示出来的要求（需求）和未明确表达的要求（期望）。因此，从战术上看，项目管理主要关注在项目的范围（满足质量要求的产品需求）、成本、进度这三方面上，如图 1.4 所示。

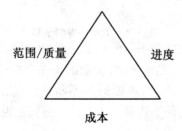

图 1.4　项目管理的三角形

图 1.4 中三角形的三个边是相互影响的，任何一边发生变化都会影响其他两边，例如，如果产品规格发生变化，那么产品的成本就要重新估算，项目的进度也要重新安排。如果要赶进度，就要对成本或者规格作出折中等。项目管理的作用是在项目目标之间作出一些权

衡,在某一领域绩效的提高可能是以降低其他领域的绩效为代价的。具体的绩效平衡会因项目和组织的不同而不同。成功的项目管理需要积极地管理这些相互作用的目标。

1.4 过程管理与软件项目管理的关系

1.4.1 软件过程的定义

所谓过程,简单来说就是人们做事情的一种固有的方式。人们做任何事情都有过程存在,小到日常生活中的琐事,大到工程项目。对于做一件事,有过经验的人对完成这件事的过程会很了解,他会知道完成这件事需要经历几个步骤,每个步骤都完成什么事,需要什么样的资源和什么样的技术等,因而可以顺利地完成工作。没有经验的人对过程不了解,就会有无从着手的感觉。图1.5和图1.6可以形象地说明过程在软件开发中的地位。如果项目人员将关注点只放在最终的产品上(图1.5),不关注期间的开发过程,那么不同的开发队伍或者个人可能就会采用不同的开发过程,结果导致开发的产品质量不同,有的质量好,有的质量差,完全依赖个人的素质和能力。

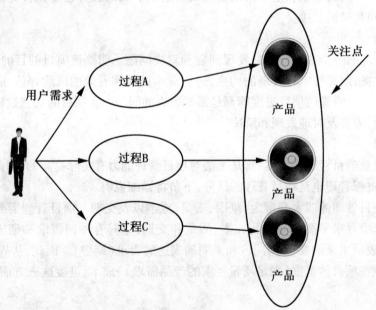

图1.5 关注开发的结果

反之,如果将项目的关注点放在项目的开发过程,如图1.6所示,不管谁来做,也不管什么需求,都采用统一的开发过程,也就是说,企业的关注点在过程。经过同一企业过程开发的软件,产品的质量是一样的。因此,可以通过不断提高过程的质量,来提高产品的质量。这个过程是公司能力的体现,它是不依赖于个人的。也就是说,产品的质量依赖于企业的过程能力,不依赖于个人能力。

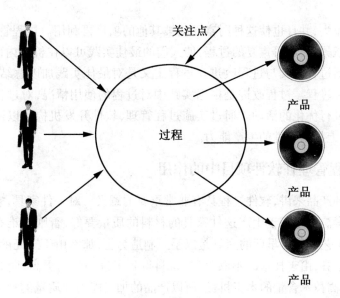

图 1.6　关注开发的过程

　　对于软件过程的理解,绝对不能简单地理解为软件产品的开发流程,因为我们要管理的并不只是软件产品开发的活动序列,而是软件开发的最佳实践。它包括:流程、技术、产品、活动间关系、角色和工具等,它是软件开发过程中的各个方面因素的有机结合。因此,在软件过程管理中,首先要进行过程定义,将过程以一种合理的方式描述出来,并建立起企业内部的过程库,使过程成为企业内部可以被重用的共享资源。对于过程,要不断地进行改进及不断地改善和规范过程,以帮助提高企业的生产力。如果将一个软件生产类比于一个工厂的生产,那么生产线就是过程,产品按照生产线的规定过程进行生产。

　　软件开发的风险之所以大,是由于软件过程能力低,其中关键的问题在于软件开发组织不能很好地管理其软件过程,为此必须强调和加强软件开发过程的控制和管理。软件项目的开发过程主要有系统调研、需求分析、概要设计、详细设计、编码、测试、实施与维护等。对于不同的软件项目,虽然大体上过程相同,但不同的项目其每一个过程所包含的一系列具体的开发活动(子过程)千差万别,而且不同的项目组采用不同的开发技术、使用不同的技术路线,其开发过程的侧重点也不一样。因此,项目经理在软件项目开发前,根据所开发的软件项目和项目组的实际情况,建立起一个稳定、可控的软件开发过程模型,并按照该过程来进行软件开发是项目成功的基本保证。

　　软件过程是极其复杂的过程。由于软件是由需求驱动的,有了用户应用的实际需求才会引发开发一个软件产品。软件产品从需求的出现到最终产品的出现,要经历一个复杂的开发过程。软件产品在使用时要根据需求的变更进行不断的修改,这称为软件维护。我们把用于从事软件开发及维护的全部技术、方法、活动、工具,以及它们之间的相互变换统称为软件过程。由此可见,软件过程的外延非常之大,包含的内容非常之多。对于一个软件开发机构来说,做过一个软件项目,无论成功与否,都能够或多或少地从中总结出一些经验。做过的项目越多,其经验越丰富,特别是一个成功的开发项目是很值得总结的,从中可以总结出一些完善的过程,我们称之为最佳实践(Best Practices)。最佳实践开始是存放在成功者的头脑中的,很难被机构内部共享和重复利用,发挥其应有的效能。长期以来,这些本应从属于机构的巨大财富被人们所忽视,这无形中给机构带来了巨大的损失,当人员流动时这种企业的财富也随之流失,并且也使这种财富无法被其他的项目再利用。过程管理,就是对最佳实践进行有效的积累,形成可重复的过程,使人们的最佳实践可以在机构内部共享。过程管理的主要内容包括过程定义与过程改进。过程定义是对最佳实践加以总结,以形成一套稳定的可重复的软件过程。过程改进是根据实践中对过程的使用情况,对过程中有偏差或不切合实际的地方进行优化的活动。通过实施过程管理,软件开发机构可以逐步提高其软件过程能力,从根本上提高软件的生产能力。

1.4.2   过程管理在软件项目中的作用

对于软件这种产品来讲,软件过程具有非常重要的意义。对一件家具,它的质量好坏主要有两方面的因素。一是用于生产这件家具的材料的质量要好,否则很难有好的家具。再就是生产的加工工艺要好。早期的家具是以手工制造为主,那么由于工匠的手艺不同,产品的质量自然参差不齐,由于技术的不断发展,材料得到了进一步的提高,同时在产品的加工上,更多地引入了高技术含量的木工机械,所以产品的加工能力和质量的稳定性都得到了很大程度的提高。在软件这种产品的生产上,我们说有一定的特殊性。首先,软件产品没有物理的存在实体,它完全是逻辑的高度聚合体,所以在质量因素的构成上,材料质量的因素就没有了,那么在生产过程中唯一影响产品质量的就是产品的生产工艺,这个生产工艺在软件工程中的术语就是软件过程。软件过程管理对于软件产业的发展非常重要。软件产业的发展基础不能永远是零,软件产业发展中的重要问题就是要注重循序渐进地积累,不单是积累技术实践,更为重要的是积累企业欠缺的管理实践,积累项目中各个环节的实践经验和项目管理的实践经验,这样才能保证企业生产力持续地发展,满足业务发展的需要。

软件过程管理,将帮助软件组织将过程资产进行有效管理,使之可以被复用在实际项目中,并结合从项目中获取的过程的实际应用结果来不断地改进过程。这样软件组织就有能力改变自身的命运,将它从维系在一个或几个个体身上变成维系在企业中的管理上。过程管理能够让软件组织直观感觉到的一个最明显的转变就是软件项目中所有成员的位置可以替换。

1.4.3   过程管理与项目管理的关系

过程管理,顾名思义,就是对过程进行管理,这种管理的目的是要让过程能够被共享、复用,并得到持续的改进。软件行业要管理的是软件过程。过程管理与项目管理在软件组织中是两项最为重要的管理,项目管理用于保证项目的成功,而过程管理用于管理最佳实践。但这两项管理并不是相互孤立的,而是有机地、紧密地结合的。图1.7展现的是过程管理和项目管理的基本关系。过程管理的成果即软件过程可以在项目管理中辅助于项目管理的工作。在项目的计划阶段,项目计划的最佳参考是过去的类似项目中的实践经验,这些内容通过过程管理都成为过程管理的工作成果,这些成果对于一个项目的准确估算和合理计划非常有帮助,合理的计划是项目成功管理的基础。在项目计划的执行过程中,计划将根据实际情况不断地得到调整,直到项目结束时,项目计划才能被真正稳定下来。这份计划及其变更历史将是过程管理中的过程改进的最有价值的参考。在国外成熟的软件组织内部,每个项目的开发完成后必须提供一个《软件过程改进建议》的文档,这是从软件开发项目的过程中提炼出来的对软件过程改进的建议。过程的改进就是注重从项目的实际经验中不断地将最佳实践提炼出来。

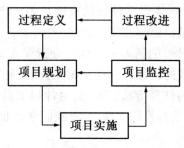

图 1.7　项目管理与过程管理的关系

1.5　软件项目管理过程

软件项目管理不同于其他的项目管理,有很多的特殊性。软件是一个特殊的领域,远远没有建筑工程等领域的规范化。软件目前有很大的发展空间,经验在项目管理中占有很重要的作用,理论和标准还在发展中,它体现了软件“软”的特色。

为实现项目目标,使软件项目获得成功,需要对软件项目的范围、可能的风险、需要的资源、实现的任务、成本以及进度的安排等做到心中有数。而软件项目管理可以提供这些信息,它贯穿于项目的始终。通常可将软件项目管理分为四个阶段:项目初始、项目计划、项目执行控制和项目结束。每个阶段都有很多的过程或者程序。

1.5.1　项目初始

软件项目管理的第一个阶段是确定项目的目标范围,包括开发和被开发双方的合同(或者协议),软件要完成的主要功能,以及这些功能的量化的范围、项目开发的阶段周期等。软件的限制条件、性能和稳定性等都必须有明确的说明;必须满足客户的要求。

软件企业实施项目管理的挑战,可以说是贯穿于项目的整个生命周期。项目初始过程面临的第一个挑战是“项目目标含糊,充满冲突”。项目的干系人,如项目发起人、成果使用者和负责单位等之间对需求理解不一致,对项目的目标设定不一致。初始过程面临的第二个挑战是“交流语言不规范,缺乏沟通技巧和工具”。以上两方面的挑战导致了在项目初始过程中,很难使项目目标被清晰定义及达成一致理解。除此之外,对项目目标一致性重视程度不够,也是项目初始过程中普遍存在的一个问题。很多项目管理者低估了达成项目目标一致性的难度,在这方面投入的精力不够,往往简单地认为已经达到了一致。因此,很多项目其实是在目标没有定义清楚的情况下匆忙启动的。

1.5.2　项目计划

项目计划是建立项目行动指南的基准,包括对软件项目的估算、风险分析、进度规划和人员的选择与配备、产品质量规划等,它指导项目的进程发展。规划建立软件项目的预算,提供一个控制项目成本的尺度,也为将来的评估提供参考,它是项目进度安排的依据。最后,形成的项目计划书将作为跟踪控制的依据。软件项目计划是一个用来协调所有其他计划,以指导项目执行和控制的可操作文件。它体现了对客户需求的理解,是开展项目活动的基础,是软件项目跟踪与监控的依据。

项目计划过程面临的最大挑战就是计划的准确性差。产生这个问题的原因是多方面的。首先,信息不充分。很多项目经理在制订计划,尤其是制订一个新的项目计划时没有认真地去挖掘项目信息,没有花足够的精力去与客户进行深入交流。由于没有真正使项目目标达到一致,因此项目人员获取的信息往往是互相冲突的,是"垃圾信息",对制订计划没有有效的帮助。第二,缺乏科学的估算方法。第三,对计划工具的抵制。第四,缺乏对数据的统计积累。这是一个非常具有挑战性的方面,也是我们在企业发展中应注重加强的方面。

1.5.3   项目执行控制

一旦建立了基准计划就必须按照计划执行,包括按计划执行项目和控制项目,以使项目在预算内按进度使顾客满意地完成。在这个阶段,项目管理过程包括测量实际的进程,并与计划进程相比较,同时发现计划的不当之处。为了测量实际的进程,掌握实际上已经开始或结束的是哪些任务,已经花了多少钱,这些都很重要。如果实际进程与计划进程的比较显示出项目落后于计划、超出预算或是没有达到技术要求,就必须立即采取纠正措施,以使项目能恢复到正常轨道,或者更正计划的不合理之处。

项目执行控制过程面临的挑战是由于计划不准确、关键路径不能锁定,从而导致里程碑目标不能保证项目目标,项目实施的时间压力增大;导致资源调动配置不合理,成本上升。在时间和成本的双重压力下,公司的质量管理很容易流于形式。而在项目控制过程中,由于受项目时间和资源的限制,项目管理者必须能够准确及时地了解各方面的变化,以及由此带来的连锁反应,并作出相应的系统调整。然而,在没有有效数据积累和信息不充分的情况下,这方面的难度很大。

1.5.4   项目结束

项目管理的最后环节就是软件项目的结束过程,前面介绍了项目的特征之一是它的一次性。有起点也有终点,进入项目结束期的主要工作是适当地作出项目终止的决策,确认项目实施的各项成果,进行项目的交接和清算等,同时对项目进行最后评审,并对项目进行总结。

在项目结束过程中,关于时间、质量、成本和项目范围的冲突在这个过程中会集中爆发出来。这些冲突主要表现在三个方面:一是客户与项目团队之间,项目团队可能认为已经完成了预定任务,达到了客户需求,而客户并不这样认为;二是项目团队与公司之间,项目团队可能认为自己已经付出了艰苦的努力,尽到了责任,然而公司却因为项目成本上升和客户满意度不高并没有获得利润;三是项目成员之间,由于缺乏科学合理的评价体系,项目完成后的成绩属于谁、责任属于谁的问题往往造成团队成员之间互相不理解。

1.6　三种产品质量管理的标准体系

对每一个软件企业而言,如何科学有效地进行管理和改进软件产品的开发和维护过程,问题还是不少,主要是可操作性差,缺少评价标准以及缺少相互之间的可比性。于是人们只好求助于其他与产品质量管理、项目管理相关的标准体系,或者是新出现的并已证明有效的专门关于软件过程改进和管理的评价模型。

从当前及今后的一个时期看,一个软件企业在技术、产品管理方面可采用的标准体系或模型它们之间的关系如图 1.8 所示。

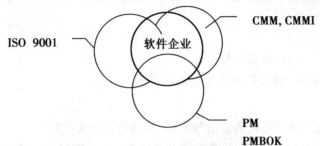

图 1.8　企业技术、产品体系模型图

其中,CMM——Capability Maturity Model,能力成熟度模型;CMMI——Capability Maturity Model Integration,能力成熟度模型集成;PM——Project Management,项目管理;PMBOK——A Guide to the Project Management Body of Knowledge,项目管理知识体系指南。三者不存在互相包含的关系,但有很强的关联性;三者不存在互相替代的关系,但侧重点各有不同;PM 和 ISO 9001 并不专门针对软件企业,但可用于软件企业特别是包括软件产品、集成工程和服务的软件企业;CMM、CMMI 专用于软件企业或软件项目,或系统集成企业或系统集成项目。

1.6.1　质量管理体系 ISO 9001

ISO 9001 规定了企业质量管理体系的基本要求,它是通用的,适用于所有行业或经济领域,不论其提供何种类别的产品。ISO 9001 本身并不规定产品质量的要求。

1. 质量管理原则

为促进质量目标的实现,ISO 9001 标准明确规定了以下 8 项质量管理原则:

(1)以顾客为中心;

(2)高层管理者推动;

(3)全员参与;

(4)采用过程方法;

(5)系统的管理;

(6)持续改进;

(7)基于事实的决策;

(8)互利的供求关系。

2. 建立和实施质量管理体系的步骤

建立和实施质量管理体系,一般应按下列步骤进行:

(1)确定顾客的需求和期望;

(2)建立企业的质量方针和质量目标;

(3)确定实现质量目标所必需的过程和职责;

(4)对每个过程实现质量目标的有效性确定测量方法;

(5)通过测量,确定每个过程的现行有效性;

(6)防止不合格项并消除其产生的原因;

(7)寻找提高过程有效性和效率的机会;

(8)确定并优先考虑那些能提供最佳结果的改进;

(9)为实施已确定的改进,对战略、过程和资源进行策划;

(10)实施改进计划;

(11)监控改进效果;

(12)对照预期效果,评价实际结果;

(13)评审改进活动,确定必要的纠正、跟踪措施。

3. 过程方法

任何"得到输入并将其转化为输出"的序列活动均可视为过程。

为使组织有效运行,必须识别和管理许多内部相互联系的过程。通常,一个过程的输出将直接形成下一个过程的输入。系统识别和管理组织内所使用的过程,特别是这些过程之间的相互作用,称为"过程方法"。ISO 9001 标准鼓励采用过程方法建立和实施质量管理体系。

1.6.2　项目管理知识体系

PMP(Project Management Professional)是项目管理专业人员资格的缩写,它是美国项目管理学会(Project Management Institute,PMI)开发并负责组织实施的一种专业资格认证。成为 PMP 是一个挑战,认证本身可以为个人的事业发展带来很多好处。该项认证已经获得世界上 100 多个国家的承认,可以说是目前全球认可程度很高的项目管理专业认证,也是项目管理资格最重要的标志之一,它在国际上已经树立了权威。在世界很多国家,特别是西方发达国家,PMP 已经被认为是合格项目管理的标志之一。

项目管理知识体系(Project Management Body of Knowledge,PMBOK)是 PMI 组织开发的一套关于项目管理的知识体系。它是 PMP 考试的关键材料,并为所有的项目管理提供了一个知识框架。项目管理知识体系(PMBOK 2004)包括项目管理的九个知识领域、五个标准化过程组及 44 个模块。九个知识领域分别是:项目集成管理(Project Integration Management)、项目范围管理(Project Scope Management)、项目时间管理(Project Time Management)、项目成本管理(Project Cost Management)、项目人力资源管理(Project Human Resource Management)、项目沟通管理(Project Communication Management)、项目风险管理(Project Risk Management)、项目质量管理(Project Quality Management)和项目采购管理(Project Procurement Management)。

项目管理九大知识领域分布在项目进展过程中的各个阶段,它们的关系可以这样描述:

(1)为了成功实现项目的目标,首先必须设定项目的工作和管理范围,即项目范围管理(What to Do)。

（2）为了正确实施项目,需要对目标进行分解,即对项目的时间、质量、成本三大目标分解,也即项目时间管理(When)、项目成本管理(How Much)和项目质量管理(How Good)。

（3）在项目实施过程中,需要投入足够的人力、物力资源,即项目人力资源管理(People&Motivation)和项目采购管理(Partners)。

（4）为了对项目团队中人员的管理,让项目人员目标一致地完成项目,需要沟通,即项目沟通管理 (Understand & Be Understood)。

（5）项目在实施过程中会遇到各种风险,所以要进行风险管理,即项目风险管理。

（6）项目管理一定要协调各个方面,不能只顾局部的利益和细节,所以需要集成管理,即项目集成管理。

其中九个领域关系如图1.9所示。

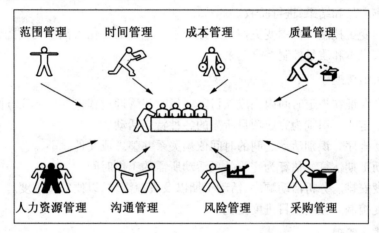

图 1.9　PMBOK(项目管理知识体系)的九个知识领域的关系

项目管理九大知识领域具体描述如下:

1. 项目集成管理

其作用是保证各种项目要素协调运作,对冲突目标进行权衡折中,最大限度满足项目相关人员的利益要求和期望。包括项目管理过程有:

（1）项目计划制订。将其他计划过程的结果,汇集成一个统一的计划文件。

（2）项目计划执行。通过完成项目管理各领域的活动来执行计划。

（3）总体变更控制。协调项目整个过程中的变更。

项目集成管理的集成性体现在以下几方面:

（1）项目管理中的不同知识领域的活动项目相互关联和集成;

（2）项目工作和组织的日常工作相互关联和集成;

（3）项目管理活动和项目具体活动(如和产品、技术相关的活动等)相互关联和集成。

2. 项目范围管理

其作用是保证项目计划仅包括成功地完成项目所需要进行的所有工作。其范围分为产品范围和项目范围。产品范围界定为"产品或服务所包含的特征或功能",产品范围的完成与否用需求来度量;工作范围界定为"为交付具有规定特征和功能的产品或服务所必须完成的工作",项目范围的完成与否用计划来度量。

项目范围指为了完成规定的特性或功能而必须进行的工作,而项目范围的完成与否是用计划来度量的。二者只有很好地结合,才能确保项目的工作符合事先确定的规格。

项目范围管理的过程包括以下几方面:

(1) 项目启动。启动是一种认可过程,用来正式认可一个新项目的存在,或认可一个当前项目的新的阶段。其主要输出是项目任务书。

(2) 范围规划。范围规划是生成书面的有关范围文件的过程。其主要输出是:范围说明、项目产品和交付件定义。

(3) 范围定义。范围定义是将主要的项目可交付部分分成更小的、更易于管理的活动。其主要输出是:工作任务分解(WBS)。

(4) 范围审核。范围审核是投资者、赞助人、用户和客户等正式接收项目范围的一种过程。审核工作产品和结果,进行验收。

(5) 范围变更控制。范围变更控制是控制项目范围的变化。范围变更控制必须与其他控制,如时间、成本和质量控制综合起来。

3. 项目时间管理

其作用是保证在规定时间内完成项目。项目时间管理过程包括以下几方面:

(1) 活动定义。识别为完成项目所需的各种特定活动。

(2) 活动排序。识别活动之间的时间依赖关系并整理成文件。

(3) 活动工期估算。估算为完成各项活动所需的工作时间。

(4) 进度安排。分析活动顺序、活动工期以及资源需求,以便安排进度。

(5) 进度控制。控制项目进度变化。

4. 项目成本管理

其作用是保证在规定预算内完成项目。项目成本管理过程包括以下几方面:

(1) 资源计划。确定为执行项目活动所需要的物理资源(如人员、设备和材料等)及其数量,明确 WBS 各级元素所需要的资源及其数量。

(2) 成本估计。估算出为完成项目活动所需资源成本的近似值。

(3) 成本预算。将估算出的成本分配到各项目活动上,用以建立项目基线,用来监控项目进度。

(4) 成本控制。控制项目预算的改变。包括:监督成本执行情况以及对发现实际成本与计划的偏离;把一些合理的改变包括在基准成本中;防止不正确的、不合理的、未经许可的改变包括在基准成本中;把合理的改变通知项目的涉及方。

5. 项目质量管理

其作用是保证满足承诺的项目质量要求。项目质量管理过程包括以下几方面:

(1) 质量计划。识别与项目相关的质量标准,并确定如何满足这些标准。

(2) 质量保证。定期评估项目整体绩效,以确信项目可以满足相关质量标准。它是贯穿项目始终的活动。

质量保证可以分为两种:

①内部质量保证,提供给项目管理小组和管理执行组织的保证;

②外部质量保证,提供给客户和其他非密切参与人员的保证。

（3）质量控制。监控特定的项目结果,确定它们是否遵循相关质量标准,并找出消除不满意绩效的途径。质量控制是贯穿项目始终的活动。项目结果包括产品结果(可交付使用部分)和管理成果(如成本、进度等)。

6. 项目人力资源管理

其作用是保证最有效地使用项目人力资源完成项目活动。项目人力资源管理过程包括以下几方面:

（1）组织计划。识别、记录和分配项目角色、职责和汇报关系。其主要输出是人员管理计划,描述人力资源在何时以何种方式引入和撤出项目组。

（2）人员获取。将所需的人力资源分配到项目,并投入工作。其主要输出是项目成员清单。

（3）团队建设。提升项目成员的个人能力和项目组的整体能力。

7. 项目沟通管理

其作用是保证及时、准确地产生、收集、传播、储存以及最终处理项目信息。项目沟通管理过程包括以下几方面:

（1）沟通计划。确定信息和项目相关人员的沟通需求:谁需要什么信息、他们在何时需要信息以及如何向他们传递信息。

（2）信息传播。及时地使项目相关人员得到需要的信息。

（3）性能汇报。收集并传播有关项目性能的信息,包括状态汇报、过程衡量以及预报。

（4）项目关闭。产生、收集和传播信息,使项目阶段或项目的完成正式化。

8. 项目风险管理

其作用是识别、分析以及对项目风险作出响应。项目风险管理过程包括以下几方面:

（1）风险管理计划。确定风险管理活动,制订风险管理计划。

（2）风险辨识。辨识可能影响项目目标的风险,并将每种风险的特征整理成文档。

（3）定性风险分析。对已辨识出的风险评估其影响和发生的可能性,并进行风险排序。

（4）定量风险分析。对每种风险量化其对项目目标的影响和发生的可能性,并据此得到整个项目风险的数量指标。

（5）风险响应计划。风险响应措施包括:避免、转移、减缓和接受。

（6）风险监控。整个风险管理过程的监控。

9. 项目采购管理

其作用是从机构外获得项目所需的产品和服务。项目的采购管理是根据买卖双方中买方的观点来讨论的。特别地,对于执行机构与其他部门内部签订的正式协议,也同样适用。当涉及非正式协议时,可以使用项目的资源管理和沟通管理的方式解决。包括项目管理过程有:

（1）采购规划。识别哪些项目需求可通过采购执行机构之外的产品或服务而得到最大满足。需要考虑:是否需要采购,如何采购,采购什么,何时采购,采购数量。

（2）招标规划。将对产品的要求编成文件,识别潜在的来源。招标规划涉及支持招标所需文件的编写。

（3）招标。获得报价、投标、报盘或合适的方案。招标涉及从未来的卖方中得到有关项目需求如何可以得到满足的信息。

（4）招标对象选择。从潜在的买方中进行选择。涉及接收投标书或方案，根据评估准则，确定供应商。此过程往往比较复杂。

（5）合同管理。合同管理是确保买卖双方履行合同要求的过程，包括对合同关系适用适当的项目管理程序并把这些过程的输出统一到整个项目的管理中。

（6）合同结束。完成合同进行决算，包括解决所有未决的项目。主要涉及产品的鉴定、验收及资料归档。

按照项目管理生命周期，项目管理知识体系又分为五个标准化过程组，也称为项目管理生命周期的五个阶段，如图 1.10 所示，它们是启动过程组、计划过程组、执行过程组、控制过程组和收尾过程组。每个标准化过程组有一个或多个过程组成。各个过程组通过其结果进行连接，一个过程组结果或输出是另一个过程组的输入。其中，计划过程组、执行过程组和控制过程组是核心管理过程组。

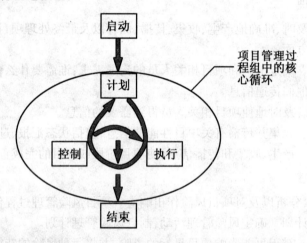

图 1.10　项目管理的五个标准化过程组

它们的关系定义如下：

（1）启动过程组。启动过程组主要是确定一个项目或一个阶段可以开始了，并要求着手实行。定义和授权项目或者项目的某个阶段。在这一过程中最重要的是确定项目章程和项目初步范围说明书。项目章程是在客户与项目经理达成共识后建立的，主要包括项目开发人、粗成本费用估算和进度里程碑等信息。项目初步范围说明书包含了范围说明书涉及的所有内容，同时还包含了初步的 WBS 分解、假设约束、风险、开发人员、范围、交付物、粗进度里程碑、粗成本费用估算、验收准则和项目边界等诸多内容。这些做好后防止客户在软件提交后提出无理的要求。

（2）计划过程组。计划过程组是为完成项目所要达到的商业要求而进行的实际可行的工作计划的设计、维护，确保实现项目的既定商业目标。计划基准是后面跟踪和监控的基础。

（3）执行过程组。执行过程组根据前面制订的基准计划，协调人力和其他资源，去执行项目管理计划或相关的子计划。执行过程则存在两个方面的输入，一个是根据原来的基准来执行，另外一个就是要根据监控中发现的变更来执行。因为主要变更必须要得到整体变更控制批准后才能够执行。

（4）控制过程组。通过监督和检测过程确保项目达到目标，必要时采取一些修正措施。

集成变更控制是一个重要的过程。

(5)收尾过程组。收尾过程组是取得项目或阶段的正式认可并且有序地结束该项目或阶段。应提交给客户,发布相关的结束报告,并且更新组织过程资产并释放资源。

表 1.1 是 PMBOK 的 5 个标准化过程组、9 个知识领域、44 个模块之间的关系。

表 1.1　PMBOK 的 5 个标准化过程组、9 个知识领域、44 个模块之间的关系

过程组 知识领域	启动过程组	计划过程组	执行过程组	控制过程组	收尾过程组
项目集成管理	项目章程编制初始项目范围编制	项目计划编制	指导与管理项目执行	项目监控集成变更控制	项目结束
项目范围管理		范围规划 范围定义 任务分解结构定义		范围核实 范围控制	
项目时间管理		任务定义 任务排序 任务资源估计 任务历时估计 进度计划编制		进度计划控制	
项目成本管理		成本估算 成本预算		成本控制	
项目质量管理		质量规划	质量保证	质量控制	
项目人力资源管理		人力资源规划	人力资源获取 团队建设	团队管理	
项目沟通管理		沟通规划	信息分发	绩效报告	项目干系人管理
项目风险管理		风险管理规划 风险识别 定性风险分析 定量风险分析 风险应对计划		风险监控	
项目采购管理		采购计划编制 合同计划编制	供方反馈获取 供方选择	合同管理	合同收尾

1.6.3　软件能力成熟度模型集成(CMMI)

1. CMM/CMMI 的概念

软件能力成熟度模型的英文全名是 Capability Maturity Model for Software,缩写为 SW – CMM,简称 CMM,1993 年推出第一版。软件能力成熟度模型集成的英文全名是 Capability Maturity Model Integration,缩写为 CMMI。

1984 年,美国国防部希望将国防部的软件委派给其他软件企业开发,由于没有办法客观评价软件企业的开发能力,因此委托卡内基－梅隆大学软件工程学院(Carnegie Mellon University Software Engineering Institute,CMU/SEI)进行研究希望能够建立一套工程制度,用来评估和改善软件企业的开发过程和开发能力,并协助软件开发人员持续改进流程的成熟度及软件质量,从而提升企业软件开发项目的能力及企业的管理能力,最终达到软件开发功能正确、缩短开发进度、降低开发成本和确保软件质量的目标。

由此,SEI 在 1987 年提出了关于软件的《过程成熟度模型框架和成熟度问卷简要描述》,并在美国国防项目承包商范围内开始试行 CMM 等级评估。软件能力成熟度模型(Software Capability Maturity Model,SW – CMM)V1.0 发表之后,美国国防部合同审查委员会提出,发包单位可以在招投标程序中规定"投标方要接受基于 CMM 的评估"的条款,发包单位将把评估结果作为选择承包方的重要因素之一。注意,接受并进行 CMM 评估只是有了参加美国军方项目投标的资格,CMM 评估绝非像国内有些媒体上讲的那样:"CMM 是进入美国市场以至国际市场的通行证"。但是,CMM 评估对软件过程改进确实有明显的促进作用,这使 SEI 看到了 CMM 评估的巨大商业前景,因此从 1990 年以后(完整的 SW – CMM V1.1 版本于 1993 年发布),SEI 把基于 CMM 的评估作为商业行为推向市场。

在 CMM 1.0 推出之后,很多单位都先后在不同的应用领域发展了自己的 CMM 系列,其中包括系统工程能力成熟度模型(Systems Engineering Capability Maturity Model,SE – CMM)、集成的产品开发能力成熟度模型(Integrated Product Development Capability Maturity Model,IPD – CMM)、人力资源管理能力成熟度模型(People Capability Maturity Model,P – CMM)等应用模型。

这些不同的模型在自己的应用领域内确实发挥了很重要的作用,但是由于架构和内容的限制,它们之间并不能通用。于是,SEI 于 2000 年 12 月公布了能力成熟度模型集成(Capability Maturity Model Integration,CMMI),CMMI 是一套包括多个学科、可扩充的模型系列,其前身主要包括 4 个成熟度模型(称 CMMI 的源模型),它们分别是:面向软件开发的 SW – CMM、面向系统工程的 SE – CMM、面向产品集成的 IPD – CMM 以及涉及外购协作的 SS – CMM;在随后的发展过程中,本着不断改进的原则,CMMI 产品团队不断评估变更请求并进行相应的变更,逐渐发展到 2006 年的 CMMI 1.2 版本。2010 年 10 月,SEI 官方正式发布了最新 CMMI V1.3。V1.3 版本的升级包含了对处于相同开发周期的所有三个模型 CMMI – Development(开发模型)、CMMI – Acquisition(采购模型)和 CMMI – Services(服务模型)的改进,同时它也包含了对 SCAMPI 评估方式和 CMMI 培训相关部分的改进。CMMI 的发展历程,如图 1.11 所示。

2. CMMI 和过程改进

软件过程改进是一个持续的、全员参与的过程。CMMI 实施或软件过程改进(Software Process Improvement)采用的方法称为 IDEAL 模式。它共分为五个步骤:启动(Initiating)、诊断(Diagnosing)、建立(Establishing)、行动(Acting)和推进(Leveraging),如图 1.12 所示。在企业进行软件过程改进时,通常是诊断这一步做得不够到位,从而影响了整个过程改进的效果。诊断主要是描述并评价当前企业开发的过程,也就是识别现有的开发过程,并且对现有过程中存在的问题进行发现;然后是提出改进建议并将阶段性的成果形成文档,最后是对这些问题改进的过程及方法设定策略,并根据企业实际情况进行优先级排序。如果企业在产品开发过程中,出现研发部门与工程部门或技术支持部门之间相互扯皮的情况,那么就有可能是产品发布流程及支持维护流程出了问题。如果该问题通过诊断,发现影响到了士气或团结,那么其优先级就可以设定为高,在某一阶段的过程改进时,重点解决这方面的问题。通过此方法,逐步理顺开发过程中存在的问题,改进开发过程,提高产品质量及客户满意度,降低整体运营成本。

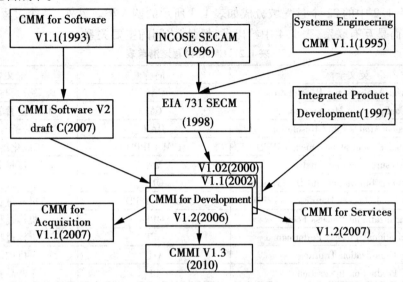

图 1.11　CMMI 发展历史图

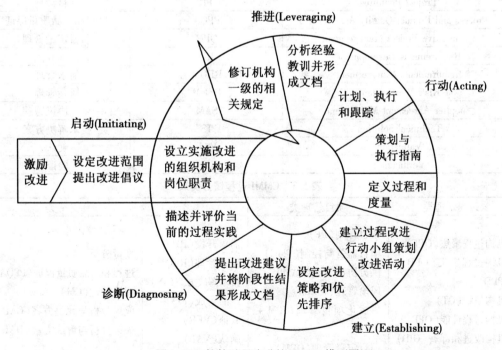

图 1.12　软件过程改进的 IDEAL 模型图

3. CMMI 结构框架

在 CMMI 模型中,最基本的概念是"过程域"(Process Area),每个过程域分别表示了整个过程改进活动中应侧重关注或改进的某个方面的问题。模型的全部描述就是按过程域作为基本构件而展开的,针对每个过程域分别规定了应达到什么目标(Goals)及为了达到这些目标应该做些什么"实践"(Practices),但模型并不规定这些实践由谁做、如何做等。在V1.2版本中,共计 22 个过程域。表1.2 按英文字母排序给出全部过程域清单,至于过程域的分类和分级则在后面再说明。如果从机构和项目组、项目管理及过程管理三个方面进行考查,则可以将表 1.2 中的 22 个过程域分成如表 1.3 所示的四大类。另外,22 个过程域并非各自完全独立,而是互有联系,表 1.4 中给出了过程域之间的主要关系。

表 1.2　CMMI 过程域清单表

英文全称	简称	中文名称
Causal Analysis and Resolution	CAR	因果分析与解决方案
Configuration Management	CM	配置管理
Decision Analysis and Resolution	DAR	决策分析与解决方案
Intergrated Project Management + IPPD	IPM + IPPD	集成化项目管理
Measurement and Analysis	MA	度量分析
Organizational Innovation and Deployment	OID	机构改进与部署
Organizational Process Definition + IPPD	OPD + IPPD	机构过程定义
Organizational Process Focus	OPF	机构过程聚焦
Organizational Process Performance	OPP	机构过程性能
Organization Training	OT	机构培训
Production Integration	PI	产品集成
Project Monitoring and Control	PMC	项目监督与控制
Project Planning	PP	项目计划
Process and Product Quality Assurance	PPQA	过程和产品质量保证
Quantitative Project Manage ment	QPM	项目定量管理
Requirements Development	RD	需求开发
Requirements Manage ment	REQM	需求管理
Risk Management	RSKM	风险管理
Supplier Agreement Mangement	SAM	供方协议管理
Technical Solution	TS	技术解决方案
Validation	VAL	确认
Verification	VER	验证

表 1.3　CMMI 过程域分类表

过程管理类	项目管理类	工程类	支持类
机构过程聚焦(OPF) 机构过程定义(OPD + IPPD) 机构培训(OT) 机构过程性能(OPP) 机构改进和部署(OID)	项目计划(PP) 项目监督与控制(PMC) 供方协议管理(SAM) 风险管理(RSKM) 集成化项目管理(IPM + IPPD) 项目定量管理(QPM)	需求开发(RD) 需求管理(REQM) 技术解决方案(TS) 产品集成(PI) 验证(VER) 确认(VAL)	度量分析(MA) 过程和产品质量保证(PPQA) 配置管理(CM) 成果分析与解决方案(CAR) 决策分析与解决方案(DAR)

表 1.4　过程域之间主要关系表

过程域	相关过程域
需求管理(REQM)	需求开发(RD),技术解决方案(TS),项目计划(PP),配置管理(CM),项目监督与控制(PMC),风险管理(RSKM)
项目计划(PP)	需求开发(RD),需求管理(REQM),风险管理(RSKM),技术解决方案(TS)
项目监督与控制(PMC)	项目计划(PP),度量分析(MA)
供方协议管理(SAM)	项目监督与控制(PMC),需求开发(RD),需求管理(REQM),技术解决方案(TS)
度量分析(MA)	项目计划(PP),项目监督与控制(PMC),配置管理(CM),需求开发(RD),需求管理(REQM),机构过程定义(OPD),项目定量管理(QPM)
过程和产品质量保证(PPQA)	项目计划(PP),验证(VER)
配置管理(CM)	项目计划(PP),项目监督与控制(PMC)
需求开发(RD)	需求管理(REQM),技术解决方案(TS),产品集成(PI),验证(VER),确认(VAL),风险管理(RSKM),配置管理(CM)
技术解决方案(TS)	需求开发(RD),验证(VER),决策分析和解决方案(DAR),需求管理(REQM),机构改进和部署(OID)
产品集成(PI)	需求开发(RD),技术解决方案(TS),验证(VER),确认(VAL),风险管理(RSKM),决策分析和解决方案(DAR),配置管理(CM),供方协议管理(SAM)
验证(VER)	需求开发(RD),确认(VAL),需求管理(REQM)
确认(VAL)	需求开发(RD),技术解决方案(TS),验证(VER)
机构过程取焦(OPF)	机构培训(OT),机构过程定义(OPD)
机构过程定义(OPD)+IPPD	机构过程聚焦(OPF)
机构培训(OT)	机构过程定义(OPD),项目计划(PP),决策分析和解决方案(DAR)
集成化项目管理(IPM)+IPPD	项目计划(PP),项目监督与控制(PMC),验证(VER),机构过程定义(OPD)+IPPD,度量分析(MA)
风险管理(RSKM)	项目计划(PP),项目监督与控制(PMC),决策分析和解决方案(DAR)
决策分析和解决方案(DAR)	项目计划(PP),集成化项目管理(IPM),风险管理(RSKM)
机构过程性能(OPP)	项目定量管理(QPM),度量分析(MA)
项目定量管理(QPM)	项目监督与控制(PMC),度量分析(MA),机构过程性能(OPP),机构过程定义(OPD),集成化项目管理(IPM),原因分析和解决方案(CAR),机构改进和部署(OID)
机构改进和部署(OID)	机构过程聚焦(OPF),机构过程定义(OPD),机构过程性能(OPP),度量分析(MA),集成化项目管理(IPM),决策分析和解决方案(DAR)
原因分析和解决方案(CAR)	定量项目管理(QPM),度量分析(MA),机构改进和部署(OID)

4. CMMI 的级别

　　成熟度等级为机构的过程改进提供了一种阶梯式的上升顺序。按照这个顺序实施过程改进,不需要同时处理可能涉及的所有过程,而是把过程改进的注意力集中于当前本机构最需要改进的一组过程域上。每个成熟度等级为提升到更高一级奠定基础。

　　(1)级别 1——初始级(Initial)。在初始级,企业不具备稳定的软件开发与维护环境。项目成功与否在很大程度上取决于是否有杰出的项目经理和经验丰富的开发团队。项目经常超出预算和不能按期完成,企业软件过程能力不可预测。初始级的基本特征,包括:

①机构项目组实际执行的过程是特定的和无规则的;

②机构一般不可能提供支持过程的稳定环境;

③项目的成功往往取决于个人的能力和拼搏精神。离开了具备同样能力和经验的人,就无法保证在下一个项目中也能获得同样的成功;

④机构在这种特定且无规则的环境中常常也能生产出可以使用的产品,但是伴随这种"成功"的往往是项目超过预算、拖延进度以至匆忙交付(或发布),从而大大地增加了产品交付后必须承担的维护成本。

(2)级别2——可重复级(Repeatable)。在可重复级,企业建立了管理软件项目的方针以及为贯彻执行这些方针的措施。企业基于同类项目的经验对新项目进行策划和管理。企业的软件过程能力可描述为有纪律的,并且项目开发过程处于项目管理体系的有效控制之下。级别2的基本特征包括:

①分派给项目组的项目需求得到管理;

②为项目的规模、工作量、成本和进度作了估计,并制订了项目开发计划,按计划进行项目开发;

③在开发全过程中,按计划对项目进行监督和控制;

④过程和产品相对于计划和标准的符合性得到了客观评价,纠正了不符合项;

⑤产品配置项及其变更得到管理;

⑥定义了过程和产品的基本度量,进行测量,对测量数据进行分析;

⑦供方协议得到管理。

(3)级别3——已定义级(Defined)。在已定义级,企业形成了管理软件开发和维护活动的机构标准软件过程,包括软件工程过程和软件管理过程。项目组可以依据机构的标准,定义项目的软件过程并进行管理和控制。企业的软件过程能力可描述为标准的和一致的,过程是稳定的和可重复的,并且高度可视。本级别基本特征包括:

①制订和维护机构标准过程集(Organization's Set of Standard Processes,OSSP);

②建立和维护机构过程资产(Organizational Process Assets,OPA);

③项目组一致地遵循机构裁剪指南,对OSSP进行裁剪,形成项目定义过程(Project Defined Processes,PDP),按项目定义过程进行项目开发;

④达到等级2和等级3所包含的每个过程域的目标;

⑤过程制度化的程度应达到"已定义级"。

成熟度等级3与等级2的重要区别,包括:

①在等级2中,项目组所用的过程(包括过程描述、规程、方法和标准等)可能很不相同;但在等级3中,每个项目组的过程(即项目定义过程)都是一致地从同一个机构标准过程集经过裁剪而得到的,即便有区别也是裁剪指南所允许的。

②在等级3中,过程的描述更详细、执行更严格,并且在执行和管理过程时更加强调对过程活动相互联系的深入理解,以及对过程、工作产品及其服务的更加详细的度量。

(4)级别4——受管理级(Managed)。在已管理级,企业对软件产品和过程都设置定量的质量目标。通过把过程性能的变化限制在可接受的范围内,从而实现对产品和过程的控制。企业的软件过程能力可描述为可预测的,软件产品具有可预期的高质量。级别4应满足如下条件：

①达到级别2、3和4所含每个过程域的特定目标；

②达到级别2、3所含每个过程域的共性目标；

③识别对过程性能和项目定量目标产生显著影响的过程或子过程，并采用统计学方法或其他定量技术定量地控制这些过程。

成熟度等级3与等级4的主要区别在于两者的可预测性：

①等级4,过程性能受到统计控制并可以定量地预测目标；

②等级3,只能定性地预测过程性能。

（5）级别5——优化级（Optimizing）。在优化级,企业通过预防缺陷、技术创新和改进过程等多种方式,不断提高项目的过程性能以持续改善企业软件过程能力。企业的软件过程能力可描述为持续改进的,级别5应满足如下条件：

①达到等级2、3、4和5所含过程域的全部特定目标；

②达到等级2、3所含过程域的共性目标；

③根据对造成过程性能偏差的共同原因的定量理解,持续改进过程性能。

级别4与级别5二者的主要区别在于：

①持续优化过程,通过不断改进以解决引起过程偏差的共同原因；

②定量管理过程,侧重于消除引起过程偏差的特殊原因,并提供统计学意义上的预测结果。这个预测结果可能对达到机构的过程改进目标意义不大。

本章小结

本章主要介绍了项目、软件项目；项目管理、软件项目管理；项目管理范围；软件项目管理过程等基本知识与概念,并介绍了三种产品质量管理的标准体系,使读者能够从宏观上对软件项目管理有基本的了解。

思考题

1. 如何理解软件项目管理？

2. 项目与活动的区别是什么？

3. 过程管理与软件项目管理的关系是什么？

4. 软件项目管理过程分为几部分？

5. CMMI与软件项目管理的关系是什么？

第2章

▶▶▶▶▶

立项管理

▶▶▶▶▶▶▶▶▶▶▶▶▶▶▶▶▶▶▶▶▶▶▶▶▶▶▶

学习目标:立项管理是结合国内外软件企业在管理中的实际需要,提出的一个项目初始阶段的主要过程,在项目管理知识体系(PMBOK)中可划为项目的启动过程。通过本章的学习,应该掌握立项管理流程、立项管理活动、合同项目、项目授权及软件项目生存期模型等内容,熟悉项目可行性分析报告、项目任务书等立项文档。

立项管理是结合国内外软件企业在管理中的实际需要,提出的一个项目初始阶段的主要过程,在项目管理知识体系(PMBOK)中可划为项目的启动过程。

在公司运作中,要通过立项来确定要开发的项目,解决做什么的问题,关注点是效益和利益。从管理角度看,立项管理属于决策范畴,正确决策,并不是一个简单的问题。比如,公司市场部得知某新产品研发项目,如何做进一步工作,是否该签下单子?这个问题既要考虑到前期需要投入多少,能否盈利,什么时候能盈利,又要考虑公司各方面的执行力。忽略某一方面,可能导致单子被别人拿走,或是签下单子,最终却是亏本生意。

通过管理和规范企业的研发立项过程,主要想达到以下目的:

(1)降低项目成本投入风险,避免随意进行项目研发;

(2)加强项目成本、目标和进度考核,提高项目成功比例;

(3)杜绝不实际的研发项目展开,避免资源浪费。

在市场营销领域,对于销售立项则不同,要通过销售立项的审批管理,达到以下目的:

(1)争取可以盈利并且有能力做的项目,拒绝亏本并且做不了的项目;

(2)尽可能充分地了解用户需求和客户的信用度,减少合同签订后的变更;

(3)确定比较合理且有竞争力的报价。

为了作出正确的立项决策,企业一般会需要一个比较全面的项目陈述,提交正式的文档。为此,要认真分析并填写《立项报告》《立项可行性分析报告》等,在报告中要尽可能全面地考虑各项因素,权衡利弊得失。例如:

(1)对产品项目的研发成功率有多大?

(2)现有的技术和条件够吗? 人力调度如何协调?

(3)项目需求分析合理吗? 明确吗?

(4)研发人员需要时间大于用户或是公司规定时间,怎么办?

(5)产品研发能否盈利? 如果亏本,谁来买单?

(6)团队成员如何组成? 人员角色如何分配?

企业中的项目来源可能是合同项目或者内部项目。其中,对于合同类研发项目和新产品研发项目均需要进行立项管理,而对于产品升级类项目则可以根据产品升级的程度来确定是否需要进行立项,建议如果项目周期比较短或是投入比较少的项目可以不进行立项,直接下达任务书。一般来说,公司要求项目立项过程要提交正式文档,并通过正式评审。

2.1　立项管理流程

对于不同类型的研发项目,相对应的立项流程也不完全一样。本节通过立项管理流程图对合同项目、新产品项目及产品升级类项目流程进行描述,使读者对立项管理流程的工作内容及产生的相应文档有一定的了解。具体立项管理流程图如图 2.1 所示。

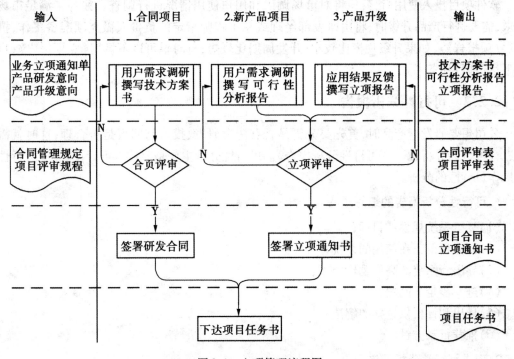

图 2.1　立项管理流程图

2.2　立项管理活动

2.2.1　项目立项的提出

在立项管理活动中,首先要提出项目立项,经过评审通过才能签发。这里分别介绍合同类项目、新产品研发类项目及产品升级类项目立项的提出。

1. 合同类项目

市场部门如有定制开发类的业务,会提出需要技术部门配合的申请,申请通常填写《销售立项通知单》,在该单据中写明将要跟踪项目的基本情况,然后由总工程师指定技术人员参与商务谈判并撰写技术方案书,按公司合同评审管理流程提出评审。在这一过程中,对技术人员的综合能力要求比较高,因为在一般情况下,如果该业务合同签订,此人就是该项目的项目经理。

2. 新产品研发类项目

通常提出新产品研发有两种情况:一种是企业对某一产品有研发意向;另一种是市场部门与技术部门通过讨论,要研发某种新产品。在这种情况下,由总工程师确定立项方式,亲自或指定专人负责,做好立项前的准备工作。完成立项的可行性分析,并撰写《可行性分析报告》或《立项报告》,在这一过程中需要与技术部门、市场部门和财务部门协调联系,来获取相应的信息完成资料的编写。

3. 产品升级类项目

软件项目投入使用后,公司将对市场调研和用户使用情况进行调查。如为了满足市场需求,需要进行产品升级时,将由研发部经理或总工程师指定的负责人做立项准备工作,撰写《立项报告》。如果升级规模比较小,开发周期比较短,有时也可以不撰写《立项报告》,直接下达《项目任务书》。

2.2.2　可行性分析报告

公司想要研发新产品时,首先要分析是否有能力研发、投入与回报是否合理,这时就需要进行可行性分析,撰写《可行性分析报告》。可行性分析主要是对技术可行性、经济可行性和操作可行性的分析。

1. 可行性分析报告的编写过程

(1)复查系统规模和目标;
(2)研究目前正在使用的系统;
(3)导出新系统的高层逻辑模型;
(4)进一步定义问题;
(5)导出和评价供选择的解法;
(6)推荐行动方针。

2. 形成可行性分析报告

(1)全面深入地进行市场分析和预测;
(2)进行技术、资源和经济等方面的可行性分析;
(3)深入进行项目建设方案设计。

3. 可行性分析报告的目录模板

可行性分析报告的目录模板如下:

1.引言
　1.1 编写目的
　1.2 项目背景
　1.3 术语和缩写词定义
　1.4 参考资料
2.可行性研究的前提
　2.1 要求

2.2 目标

　2.3 条件、假定和限制

3. 对现有系统的分析

　3.1 处理流程和数据流程

　3.2 工作负荷

　3.3 费用开支

　3.4 人员

　3.5 设备

　3.6 局限性

4. 所建议技术可行性分析

　4.1 对系统的简要描述

　4.2 处理流程和数据流程

　4.3 与现有系统比较的优越性

　4.4 采用建议系统可能带来的影响

　　4.4.1 对设备的影响

　　4.4.2 对现有软件的影响

　　4.4.3 对用户的影响

　　4.4.4 对系统运行的影响

　　4.4.5 对开发环境的影响

　　4.4.6 对运行环境的影响

　　4.4.7 对经费开支的影响

　　4.4.8 技术可行性评价

5. 投资及效益分析

　5.1 支出

　　5.1.1 基建投资

　　5.1.2 经常性支出

　　5.1.3 其他一次性支出

　5.2 收益

　　5.2.1 一次性的收益

　　5.2.2 经常性收益

　　5.2.3 不可定量收益

　　5.2.4 收益/投资比

　　5.2.5 投资回收周期

　　5.2.6 敏感性分析

6. 社会因素方面的可行性

　6.1 法律因素

　6.2 用户使用可行性

7. 其他可供选择的方案

8. 结论

2.2.3　立项报告

立项报告又称项目建议书,是项目发展周期的初始阶段企业选择项目和可行性研究的依据。只有立项通过之后,才可展开项目的后续工作。很多项目在立项时条件比较成熟,经常将立项报告与可行性分析报告结合为一体。

1. 立项报告的主要内容

(1)项目背景。在这里主要介绍开发的软件系统名称,项目的任务提出者、开发者、用户及实现软件的单位,项目与其他软件或其他系统的关系,提出立项报告的原因等。

(2)项目范围及目标。给出本项目的研发内容及相关的边界系统,对已确定的用户需求进行简要分析,确定开发范围,主要包括项目产品的主要功能;基于确定的项目范围和指导思想,明确本项目研发要实现的关键要素,包括功能指标、性能指标和并发指标等,也可以描述所立项完成后达到的商业目标,包括总体性目标、阶段性目标和质量目标等。

(3)项目验收标准。描述量化的验收标准,作为项目验收以及研发工作考核的依据。

(4)项目资源及费用预算。资源一般包括:人力、设备、设施和技术等。根据本项目所需资源、工作量和工作环境等要求估计项目成本,该成本数据可以为一个范围值。

(5)项目进度控制。根据计划和预算说明项目各阶段完成时间(该时间可以为一个范围值),要有相应的时间分析。

(6)项目风险控制。对项目中潜在的和突发的、影响项目正常进行或使项目受阻的风险提前识别,尤其是针对项目估计、进度安排、技术攻克和人员到位等非项目因素及早识别。

(7)市场推广及工程实施相关建议或措施。简要描述产品的市场推广建议、用户定位和工程实施安装个性化等方面的内容。

2. 立项报告的目录模板

主项报告的目录模板如下:

1.前言

    1.1 项目背景

    1.2 编写目的

    1.3 术语和缩写

    1.4 参考资料

2.项目指导思想和目标

    2.1 项目范围

    2.2 项目目标

    2.3 验收标准

3.项目管理要素

    3.1 管理策略

    3.2 资源配置

    3.3 费用预算

    3.4 进度控制

    3.5 风险控制

4.市场推广及工程实施

    4.1 市场推广

    4.2 工程实施

2.2.4　立项评审

在这里主要针对合同类项目和其他项目讲述如何进行立项评审。

1. 合同类项目

在签订合同之前,公司会对合同的技术内容、风险情况、违约责任、履行的职责和收款条款等进行评审,合同一旦签订,该项目就要根据公司的《合同评审办法》进行评审,只要合同评审通过,对于研发来说就认为是立项通过,即可进入下一环节。

2. 其他类项目

立项负责人在完成《立项报告》《可行性分析报告》后,向总工程师或研发经理提出评审要求,总工程师或研发经理确定参加评审的人员。立项负责人提前将相关材料送到评审人员手中,然后召开评审会议。参加评审的人员收到相关资料后,仔细阅读并填写《预审问题清单》,在评审前交给立项负责人;立项负责人根据《预审问题清单》中提出的问题进行修改或准备答辩材料;举行评审会议。在评审会议中,根据《立项报告》《可行性分析报告》对立项进行分析评审,如果评审通过,则立项申请人编制《立项通知书》,然后由总工程师签发;如果未通过,则在《项目评审表》中写明处理方式,一般分为不接受和变更两种。

2.2.5　项目任务书

立项经评审通过后,立项申请人编制《立项通知书》,报总工程师或项目经理批准,审批通过后,总工程师或项目经理根据立项通知书填写并签发《项目任务书》。《项目任务书》是考核项目组的重要依据。项目任务书模板见表2.1。

表 2.1　××公司　项目任务书

项目名称		项目编号		项目经理	
启动日期		计划完成日期		填写日期	
项目组成员					
QA 工程师					
CM 工程师					
CCB 成员					

项目及任务描述(可加附页):

环境描述(可加附页):

项目完成提供产品清单:

项目经理签字:

　　　　　　　　　　年　　月　　日

总工程师签发:

　　　　　　　　　　年　　月　　日

2.2.6 立项文档

在立项过程中,应该对整个项目的生命周期的每个阶段、各项活动及相关人员进行工作量和成本的估算,既要计入直接成本和工作量,也要考虑到间接成本和工作量。立项时要树立风险意识,在确定项目前必须进行风险识别和分析,针对主要风险进行风险策划,制订相应的应对策略,采取积极措施管理风险,明确风险跟踪责任。

在立项过程中要考虑的各方面因素大部分都要通过相应的文档进行记录描述,主要产生的文档有《立项报告》《可行性分析报告》《立项通知书》《项目任务书》《项目评审表》等。

2.3 合同项目

当一个项目被外包时,就产生甲、乙方之间的责任和义务的关系。甲方即需方(也称买方),是对所需产品或者服务进行"采购";乙方即供方(也称卖方),是为顾客提供相应产品或者服务。合同项目需要明确甲、乙双方的任务:甲(买)方的主要任务是提供准确、清晰和完整的需求信息、选择优秀合格的乙方并对乙方提供的产品或服务进行必要的验收;乙(卖)方的主要任务是清楚地了解甲方的需求并判断企业是否有能力和条件来满足其需求。在此,软件开发企业更多时候是以乙方角色出现的。

2.3.1 甲方初始过程

甲方在初始阶段的主要任务为:招标书定义、乙方选择和合同签署。下面分别对以上三个过程进行详细介绍。

1. 招标书定义

一个项目被启动,主要是因为需求的推动。项目的需求可能来自企业内部的需求,也可能是将其承担的开发项目中的一部分,通过寻找合适的软件开发商,将部分软件进行外包。招标书定义主要是甲(买)方的需求定义,也就是甲方定义采购内容,软件项目采购的是软件产品,需要定义完整清晰的软件需求和软件项目的验收标准,必要时可以明确合同的要求。最后,该招标文件会被潜在的乙(卖)方拿到。

招标书定义过程如图 2.2 所示。

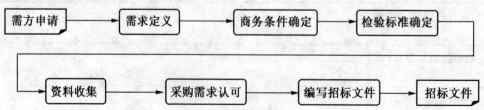

图 2.2 招标书定义过程

甲(买)方在招标书定义过程中的具体活动步骤描述如下:

(1)确定采购需求并对采购需求进行评审。

(2)根据定义的采购需求确定采购商务条件,包括甲、乙双方的职责、控制方式和价格等。

（3）指定对采购对象的验证、检验方式与标准。

（4）收集和汇集其他相关采购资料（如技术标准附件、产品提交清单等）。

（5）项目决策者对采购需求、验收标准和相关资料进行全面分析并认可。

（6）根据上述信息编写招标书或招标文件，如有必要可以委托招标公司进行招标。

招标书是投标人编写投标书的基础，也是签订合同的基础，必须小心谨慎、力求准确完整，避免在合同条款中产生漏洞，引起双方争议，由此影响合同的顺利进行，给公司造成经济损失。

招标书主要包括技术说明、商务说明和投标说明。技术说明主要对采购的产品或者委托的项目进行详细描述；商务说明主要是指合同条款；投标说明主要是对项目背景、标书的提交格式、内容和提交时间等作出要求和规定。在招标书中，一般要明确投标书的评估标准，通过评估标准对投标书进行排序和打分，为选择乙方提供依据。评估标准一般包括：

（1）价格。包括对产品以及产品提交后产生的附属费用。

（2）对需求的理解。通过乙方提交的投标书，评定乙方是否完全理解甲方的需求。

（3）产品的总成本。乙方所提供的产品是否有最低的总成本。

（4）技术能力。乙方是否能提供项目所需的技术手段和知识。

（5）管理能力。乙方是否具备保证项目成功的管理手段。

（6）财务能力。乙方是否具备必要的资金来源。

国际上，招标文件的类型主要有：投标邀请（Invitation for Bidding，IFB）、报价邀请（Request for Quotation，RFQ）、谈判邀请（Invitation for Negotiation，INF）、建议书提交邀请（Request for Proposal，RFP）。

招标书编写好后，可以发给（或卖给）潜在的乙方，邀请他们参加投标，乙方如果想参与竞标，可以提交投标书。

2. 乙方选择

招标文件确定之后，就可以通过招标的方式选择乙方。选择乙方的过程如图 2.3 所示。

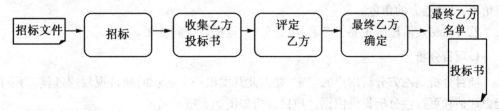

图 2.3　选择乙方的过程

甲方选择乙方的具体活动描述如下：

（1）甲方将招标文件发给（或卖给）具备竞标条件的潜在乙方。

（2）组织竞标活动，并获取竞标单位的投标书。

（3）根据招标文件的标准、竞标过程和乙方提供的投标书，将竞标单位进行排名。

（4）确定最终选择的乙方名单。

3. 合同签署

招标之后，经过评标，将对所有标书评估与选择，并进行合同谈判，最终挑选出能提供最合理价格,最好服务的乙方,签署合同。一般情况下,签署之前应起草一个合同文本,双方就合同的主要条款进行协商,达成共识之后,按指定模板起草合同。双方仔细审查合同条款,确保没有错误和隐患,双方代表签字,合同生效,具有法律效力。合同签署过程如图 2.4 所示。

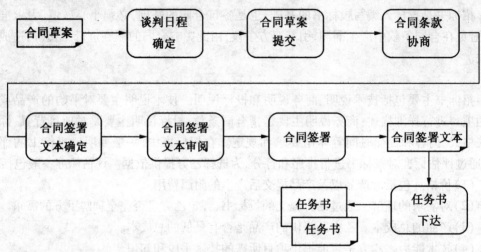

图 2.4　合同签署过程

2.3.2　乙方初始过程

项目型企业的核心是对项目的选择。项目选择过程,是指从市场上获得商机到与顾客签订项目合同的过程。该过程开始于收集商业信息,进行简单评估,确定可能的目标项目,初步选择适合本企业的项目,然后还要对项目作进一步分析,与客户进行沟通,制订项目方案和计划,通常还要与客户进行反复交流,参加竞标,直到签订合同才完成项目的选择过程。

作为乙方的软件企业可能会在项目开发过程中将项目的某部分外包给另外一个软件公司,此时该公司相当于甲方,开始需要选择一个合适的乙方。这时,这个软件企业既是甲方的角色,又是乙方的角色。

乙方在初始阶段的主要任务有:项目分析、竞标和合同签署。

1. 项目分析

项目分析是乙方分析用户的需求,并据此开发出一个初步的项目规划的过程,为下面的能力评估和可行性分析提供依据。项目分析如图 2.5 所示。

乙方在项目分析中的具体活动描述如下:

(1)乙方确定需求管理者。

(2)需求管理者组织相关人员进行项目需求分析,并提交需求分析结果。

(3)邀请用户参加对项目需求分析的评审。

(4)项目管理者负责组织人员根据输入和项目需求分析结果以确定项目规模。

(5)项目管理者负责组织人员根据需求分析结果和规模以及估算结果,对项目进行风险分析。

(6)项目管理者负责组织人员根据项目输入、项目需求和规模要求,分析项目所需的人力资源、时间及实现环境。

（7）项目管理者根据分析结果制订项目初步实施规划，并提交合同管理者评审。

（8）合同管理者负责组织对项目初步实施规划进行评审。

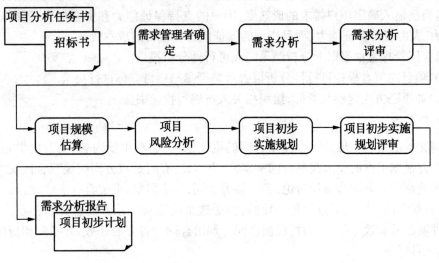

图 2.5　项目分析过程

2. 竞标

竞标过程是乙方根据招标文件的要求进行评估，判断企业是否具有开发此项目的能力，并进行可行性分析。判断企业是否应该承担该项目首先要判断企业是否有能力完成此项目，其次要判断企业完成此项目是否可以获得一定的回报。如果判断项目可行，企业则将组织人员编写项目投标书，参加竞标。具体过程如图 2.6 所示。

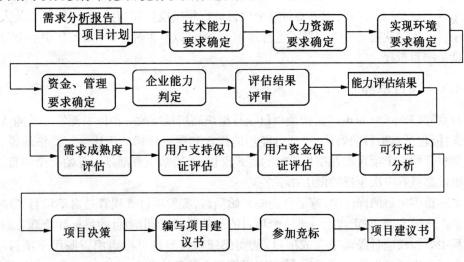

图 2.6　竞标过程

对竞标活动的描述如下：

（1）根据项目需求分析报告确定项目技术能力要求。

（2）根据项目初步实施计划确定项目人力资源要求。

（3）根据项目需求分析报告确定项目实现环境要求。

（4）根据项目初步实施计划确定项目资金要求。

(5)根据项目初步实施计划确定质量保证和项目管理要求。

(6)根据上述要求与企业实际情况比对,判断企业是否具有相应的能力。

(7)组织有关人员对评估结果进行评审。

(8)根据输入确定用户需求的成熟度、用户的支持保证能力和资金能力,同时确定企业技术能力、人力资源保证能力、项目资金的保证能力和项目的成本效益。

(9)合同管理者根据以上分析结果完成可行性分析报告。

(10)项目决策者根据可行性分析报告对是否参与项目竞标进行决策。

(11)如果乙方决定参与竞标,组织相关人员编写投标书。

3. 合同签署

合同文本的形成一般是甲方提供合同的框架结构,起草主要内容,乙方提供意见;有时可能是乙方根据甲方的要求起草合同文本,甲方审核;有时是双方同时编写合同文本。合同签署过程就是经双方的协商和讨论,正式签署合同,签字盖章,形成具有法律效力的文件。

甲、乙双方的合同签署过程是一致的,但是这个阶段对于乙方的意义非常重大,标志着一个软件项目的有效开始。这时,根据合同分解出合同中各方的任务,并指派相应的项目经理,下达项目任务书。

2.4 项目授权

启动一个项目其中一个主要原因是为了满足企业的商业目标,提供一个合理的投资回报等。项目发起人组织相关人员提出需求,确定项目管理者及相关成员,编写必要的项目说明书。

当选择了一个项目之后,就需要对这个项目进行相应授权和初始化,以确保相关人员知晓这个项目。这时就需要以文档形式进行输出,文档可以有多种不同形式,其中一个最主要的形式就是项目章程。

2.4.1 项目章程

项目章程(Project Charter)是指经项目执行组织高层批准的一份以书面签署的确认项目存在的文件,包括对项目的确认、对项目经理的授权和项目目标的概述等。严格地说,项目章程包括对开始一个项目或者项目阶段的正式授权,但通常而言都是对开始一个项目,在每个项目阶段都进行一次授权的做法并不多见。

在实际很多项目的操作中,签了合同即开始项目,签发项目章程算是启动项目。项目章程是一个正式的文档,它正式地认可一个项目的有效性,并指出项目的目标和管理方向。在项目章程中要授权项目经理来完成项目,从而保证项目经理可以组织资源用于项目活动。项目章程通常由项目出资人、发起人或者高层管理人员等签发。

与项目目标相比,项目章程更加正式,叙述也更加完整详尽。项目章程不仅清楚地定义了项目,说明了该项目的特点和最终目标,还指明了项目权威。项目权威通常是项目的发起人、项目经理和团队领导,在章程中可以详细规定每个人的角色以及相互交流信息的方式。不同企业的做法不完全相同,形式也不同。比如,有的企业采用简单的协议,有的企业采用一个很长的文档,也有的企业直接使用合同作为项目章程。

建立项目章程时,可以把任何想要加入的信息都包括进去。通常来说,项目章程包括以下要素:

(1)项目的题目(名称)。

(2)项目发起人及联系方式。

(3)项目经理及联系方式。

(4)项目目标。

(5)有关项目的业务情况。

(6)项目的最高目标和可交付成果。

(7)团队开展工作的一般性描述。

(8)开展工作的基本时间安排(详细的时间安排在项目计划中列举)。

(9)项目资源、预算、成员以及供应商。

无论采用哪种形式,从这个过程正式地授权项目开始,任命项目经理,说明项目的背景,来源等。

项目章程相当于项目的授权书,是对项目的正式授权,表明项目可以有效地开始了。项目章程最大的作用是在明确项目的目标情况下确定权、责、利,有助于建立项目经理的责任心、发起人的主人翁意识及项目团队的团队意识,帮助项目成员更加自信地向目标前进。

2.4.2　项目经理的责任与权力

项目经理(Project Manager)就是项目负责人,是项目组织的核心和项目团队的灵魂。对项目进行全面的管理,负责整个项目的计划、实施和控制。项目经理的管理能力、知识结构、组织能力和个人魅力都对项目的成败起着关键的作用。同时作为团队的领导者,他的知识结构、管理素质、经验水平和领导能力等都对团队管理的成败起决定性的影响。

在一个特定的项目中,项目经理要对项目实行全面的管理,其过程包括制订计划、报告项目进度、控制反馈、组建团队、在不确定的环境条件下对不确定性的问题进行决策以及在必要的时候进行谈判、解决冲突等。其中组建团队是项目经理的首要任务和责任,一个项目要达到预定的目标,取得好的成绩,其中一个关键要素就是项目经理应该具备把各方人才聚集到一起,组建一个高效团队的能力。在团队的建设中,项目经理要确定项目所需哪些人才,并从有关部门获取相应人才,同时定义成员任务和角色,把成员按任务组织起来,形成一个高效的团队。项目经理在团队的建设和有效运行中起到了关键的作用。

项目经理充当着团队领导者、问题决策者和沟通交流者等多个角色。项目经理个性方面的素质通常体现在他与组织中其他人的交往过程中所表现出来的理解力和行为方式上,一个优秀的项目经理首先要以身作则,只有坚持以身作则,才能将规范制度严格执行,并将自己优秀的管理思想贯穿于整个项目中以取得最终的成功。项目经理有一定的权力,也就必然有相应的责任。项目经理关系到一个项目的最终成败,因此是自己的责任就要敢于承担。只有项目经理起好表率作用,团队中的人员才能在需要自己承担责任的时候站出来。项目经理的职责总结如下:

(1)开发计划。项目经理的首要任务就是制订计划,包括项目阶段性目标和项目总体控制计划,使各项工作形成有机整体。项目经理只有在对所有合同、需求熟知掌握的基础上,明确项目目标,制订完善、合理的实施计划,才能保证项目成功。同时,在项目实施的过程中,项目经理还要根据项目的实际情况,在必要的时候调整各项计划方案。

(2)组织实施。组织精干的项目团队,是项目经理管好项目的基本条件,也是项目成功的组织保证。在组织实施过程中,要同有关部门联络,选择并确定项目团队的职责,确定职能专业部门和其他项目参与者之间的分工,合理有效地调用项目团队和每个成员。项目经理组织实施项目主要体现在两个方面:一方面,设计项目团队的组织结构图,描述各职位的工作内容,并安排合适人选,规划并开发项目所需的人力资源;另一方面,对于大型项目,项目经理应该决定哪些任务由哪些团队完成,哪些任务哪些由承包商完成。

(3)项目控制。项目在实施过程中,项目经理要时时监控项目的运行,主动预防,防止意外发生。他应及时解决出现的问题,同时要预测可能的风险和问题,确保项目在预定的时间、资源、人员和资金下顺利完成。

(4)及时决策。项目经理需亲自决策一些问题,如实施方案、人事任免奖惩、重大技术措施、资源调配、进度计划安排、合同及设计变更等。

(5)如实向上级反映情况。既然项目经理承担着确保项目成功的重大责任,那么就要同时赋予项目经理一定的权力,这样才能保证项目得以顺利实施。在实际工作中,虽然项目经理对项目负有主要职责,但是由于大多数资源并不由项目经理直接控制,可以说项目经理地位的特点是"责任大于权力"。项目经理主要有以下几方面的权力:

(1)制订项目有关的决策权。项目在实施过程中必然会面临各种各样的决策,项目经理要审查和批准重大措施和方案,以防止决策失误造成重大损失,这是最基本、最重要的权力。

(2)生产指挥权。项目经理有权按工程承包合同的规定,根据项目随时出现的人、财、物等资源变化情况进行指挥调度,对于施工组织设定计划,也有权在保证总目标不变的前提下进行优化和调整。

(3)挑选项目成员的权限。项目团队组织是一个临时性的组织,是为了一个共同的目标而团结在一起的。项目启动后,项目经理有权选择、考核和聘任项目组成员。

(4)对项目获得的资源再分配权。上级组织将资源划拨给项目组,项目经理有权决定这些资源的具体使用,根据项目具体工作要素的情况进行资源再次分配。

2.4.3　项目经理的能力

项目经理是团队的核心人物,责任重在管理,但也应具备相应的技术能力。知识是项目经理素质的基础,主要表现在专业技术知识的深度、综合知识的广度、对新技术的接受能力及管理知识水平。同时,项目经理也应具备较强的沟通能力、协调能力、领导能力和资源管理能力,还要有一定的人格魅力。

经调查统计表明,作为一个理想的项目经理,应具备如下能力特点:

(1)对项目的目标有透彻的理解。

(2)领导能力。

(3)建设高效项目团队的能力。

(4)人际交往能力。

(5)抗压力抗挫折能力。

(6)具有较强的责任心。

（7）处理问题的能力。

（8）具备较好的谈判技巧。

通过项目经理的职责和能力要求，可以看出项目经理在项目中所担任的所有角色中，最重要的能力就是组织协调能力。在信息项目中，涉及的领域多，知识广，技术复杂，项目经理不能做到样样通，样样精。这就要求项目经理调动项目团队的积极性，激发各个专业人才的工作潜能，作好团队内部的沟通和外部的沟通。

当前，在很多企业中，项目经理的任命主要是因为他们在技术上能够独当一面，而在项目管理方面的知识比较缺乏。因此，组织项目经理接受系统的项目管理知识培训是很有必要的。项目经理的选择对于一个项目的成败至关重要，因此项目经理的选择过程也要有科学的方法，一般项目经理的选择程序如图 2.7 所示：

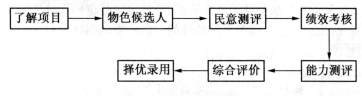

图 2.7　选择项目经理程序图

2.5　软件项目生存期模型

在一个项目生存期中，每一项任务都通过一个或多个过程的方式来实现。在生存期中所有这些相关过程的组合，称为软件生存期过程，通常使用生存期模型来简洁地描述软件过程。

软件过程是为了获得高质量软件所需要完成的一系列任务的框架，它规定了完成各项任务的工作步骤。在生存期模型中定义软件过程非常重要，人和过程是保证项目成功的两个最关键因素。由好的人按照好的过程进行项目开发，才能最大限度地保证项目成功。一个好的过程可以保证差的人做出来的东西不至于太差，但不能确保做出精品。通过过程可以实现一种规范化、工业化和流水线化的软件开发。软件的生产过程不存在绝对正确的过程形式，但是不同的软件开发项目应当采用不同的且有针对性的软件开发过程，而真正适合的软件开发过程要在软件项目开发完成后才能明了。在项目开发之初，只能根据项目的特点和开发经验进行选择，并在开发过程中不断地调整。

软件过程模型是对软件活动进行组织以使开发更具效率的模型。软件过程模型也称软件生存期模型。软件生存期（Software Life Cycle，SLC）是从软件的产生到报废的生命周期，周期内有可行性分析、需求分析、概要设计、详细设计、编码、测试和维护等阶段。每个阶段都要有定义、工作和审查，还要形成文档以供交流或备查，以提高软件的质量。软件项目生存期模型的基本特征是：

（1）对开发的主要阶段进行描述。

（2）定义了每个阶段要完成的主要过程和活动。

（3）规范每个阶段的输入和输出。

一定规模的软件企业，通常会有生存期模型库，模型库中有各种生存期模型的具体说明，项目经理可以从生存期模型库中根据本项目的具体情况来选择合适的生存期模型。这里主要介绍在软件开发过程中可能用到的主要生存期模型:瀑布模型、V 模型、原型模型、增量式模型、螺旋式模型和渐进式阶段模型等。

在选择具体的 IT 项目生命周期时,需要按照项目的特点及项目管理方式来确定。软件开发项目的生命周期划分有多种,它们各具特点,在实际运用时要根据具体情况予以裁剪。

2.5.1 瀑布模型

瀑布模型(Waterfall Model)是一个经典的模型,在 20 世纪 80 年代之前,一直是唯一被广泛采用的生命周期模型,是一个理想化的生存期模型,也被称为传统模型(Conventional Model),如图 2.8 所示。该模型要求阶段间具有顺序性和依赖性,即必须等前一阶段的工作完成之后,才能开始后一阶段的工作;前一阶段的输出就是下一阶段的输入。瀑布模型在编码之前设置了系统分析与系统设计的各个阶段,清楚地区分逻辑设计和物理设计,尽可能推迟程序的物理实现,是按照瀑布模型开发软件的一条重要的指导思想。

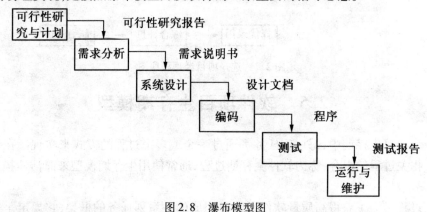

图 2.8 瀑布模型图

1. 瀑布模型的特点

(1)简单,直观,易用。

(2)开发进程有较严格的顺序性和依赖性。

(3)模型中没有反馈过程。

(4)模型执行过程需要严密控制。

(5)在软件交付给用户之前,用户只能通过文档来了解产品是什么样。

(6)不允许变更或者限制变更。

2. 瀑布模型的使用指南

(1)开发前,要进行概念开发和系统配置的开发,概念开发主要是确定系统级的需求,系统配置开发主要是确定软件和硬件的情况。

(2)开发中,要警醒需求过程、设计过程和实施过程。

(3)开发后,需进行安装过程、测试过程、维护过程和抛弃过程等。

3. 瀑布模型的优点

(1)通过设置里程碑,明确每阶段的任务与目标。

(2)可为每阶段制订开发计划,进行成本预算,组织开发力量。

(3)通过阶段评审,将开发过程纳入正确轨道。

（4）严格的计划性保证软件产品的按时交付。

4.瀑布模型的缺点

（1）传统的瀑布模型太过于理想化，没有反馈过程，实际工作中不可能不犯错误，如在设计上的缺陷或错误可能在实现过程中显现出来，因此需要反馈过程。

（2）各阶段产生的文档使软件维护变得比较容易，但由文档驱动也导致在软件产品交付之前，用户只能通过文档来了解产品是什么样，不能正确动态地认识产品，如果用户最初的想法发生变化，就使得最初提出的需求不完全适用了。事实上，用户不经过实践就提出完整不变的需求是不切实际的，因此可能导致最终开发出的软件产品不能真正满足用户的需求。

瀑布模型比较适合下列情况的项目：在项目开始之前，需求已经被很好地理解，并且很明确，不会再变更。同时，项目经理很熟悉实现这一模型所需要的过程，解决方案在开始前也很明确。很多短期项目可以采用这个模型。

2.5.2 V模型

V模型是瀑布模型的变种，如图2.9所示。该模型同样需要一步一步地进行，前一阶段的任务完成之后才可以进行下一阶段的任务。这个模型强调测试的重要性，将开发活动和测试活动紧密地联系在一起。

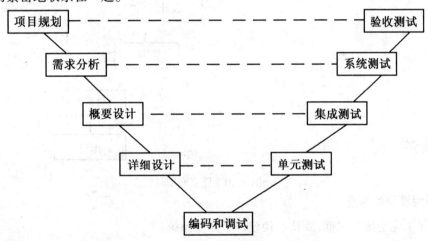

图2.9 V模型图

可能有这样的误解，认为测试是开发周期的最后一个阶段。但是，实验证明，早期的测试对提高产品的质量、缩短开发周期起着重要作用，一个项目50%以上的时间应花在测试上。V模型体现了测试的重要性，突出全过程的质量意识。

1.V模型的特点

（1）简单，易用。

（2）V模型强调测试过程与开发过程的对应性和并行性。

（3）V模型要求开发过程按顺序进行，一个阶段的输出是下一阶段的输入。图2.9中虚线对应过程的并行考虑，如单元测试对应详细设计、集成测试对应概要设计等。

V模型比较适合下列项目：项目的需求在开始项目之前很明确，解决方案在项目开始前也很明确，项目对系统的性能安全要求很严格，如飞机控制系统和财务管理系统等。

2.5.3 原型模型

原型模型是在需求阶段建立的一个能反映用户主要需求的部分系统的生存期模型,如图2.10所示。用户试用原型系统之后会提出许多修改意见,开发人员按照用户的意见快速修改原型系统,然后再请用户试用……一旦用户认为这个原型系统确实能满足他们的需要,开发人员便可以据此书写规格说明文档,根据这份文档开发出的软件可以满足用户的真实需求。

一次迭代中的开发步骤如下:

(1)了解用户/设计者的基本信息需求;

(2)开发初始原型系统;

(3)用户/设计者试用和评估原型系统。

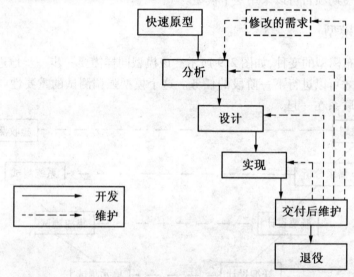

图2.10   原型模型

1. 原型模型的特点

(1)需求完全定义之前,要快速构建一个原型系统。

(2)用户试用原型系统,根据其优缺点,给开发人员提出反馈意见。

(3)根据反馈意见修改软件需求规格说明文档,以便系统可以更加准确地反映用户的需求。

(4)可以减少项目的各种假设以及风险等。

2. 使用原型模型的基本指南

(1)用户和开发人员根据初始需求共同开发一个项目规划。

(2)用户和开发人员利用快速分析技术共同定义需求和规格。

(3)设计者构建一个原型系统。

(4)设计者演示该原型系统,用户来评估性能并标识问题。

(5)用户和设计者一起来解决标识的问题,循环这个过程,直到用户满意为止。

(6)详细设计可以根据这个原型进行。

(7)原型可以用代码或者工具来实施。

3. 原型模型的优点

(1)开发者与用户充分交流,可以澄清模糊需求,需求定义比其他模型好得多,也为用户需求的改变提供了充分的余地。

(2)开发风险低,产品柔性好。

(3)开发费用低,时间短。

(4)系统易维护,对用户更友好。

4. 原型模型的缺点

(1)开发者在不熟悉的领域中不易分清主次,原型不切题。

(2)产品原型在一定程度上限制了开发人员的创新。

(3)随着更改次数的增多,次要部分越来越大,可能会忽略主要部分。

(4)资源规划和管理较为困难,也给随时更新文档带来麻烦。

(5)只注意原型是否满意,忽略了原型环境与用户环境的差异。

5. 原型模型的适用条件

(1)已有产品或产品的原型,只需客户化的工程项目。

(2)简单而熟悉的行业或领域。

(3)有快速原型开发工具。

(4)进行产品移植或升级。

原型的用途是获知用户的真正需求,一旦需求确定,原型将被抛弃。因此,原型系统的内部结构并不重要,必须迅速地构建原型然后根据用户意见迅速地修改原型。当项目的需求在项目开始前不明确,或者需要减少项目的不确定性因素时,可以采用原型方法。快速原型法要求项目组中有数据库分析和设计的专家,有面向对象编程的专家,文档制作有成熟的模板,而且系统或项目不是非常大。一般有软件产品的 IT 企业,在它们熟悉的业务领域内,当客户招标时,它们都会以原型模型作为软件开发模型,去制作投标书,进行投标。一旦中标,就用原型模型作为实施项目的指导方针,即对软件产品进行客户化工作,或对软件产品进行二次开发。

2.5.4   增量式模型

增量模型(Incremental Life Cycle Model)也称为渐增模型,是由瀑布模型演变而来的。使用增量模型开发软件时,把软件产品作为一系列的增量构件来设计、编码、集成和测试。该模型假设需求可以分段,成为一系列增量产品,每一增量可以分别开发。使用增量模型时,第一个增量构件往往实现软件的基本需求,提供最核心的功能。例如,使用增量模型开发文字处理软件时,第一个增量构件提供基本的文件管理、编辑和文档的生成功能;第二个增量构件提供更完善的编辑和文档生成功能;第三个增量构件实现拼写和语法检查功能;第四个增量构件完成高级的页面排版功能。这样首先构造系统的核心功能,然后逐步增加功能和完善性能的方法就是增量式模型。增量式生存期模型如图 2.11 所示。

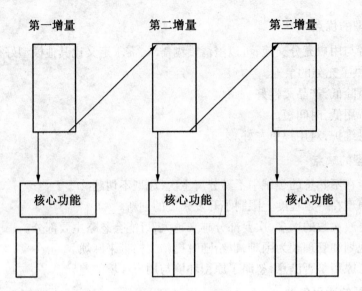

图 2.11　增量式模型

1.增量模型的特点

(1)可以避免一次性投资太多带来的风险,将主要的功能或者风险大的功能首先实现,然后逐步完善,保证投入的有效性。

(2)可以更快地开发出可以操作的系统。

(3)可以减少开发过程中用户需求的变更。

(4)一些增量可能需要重新开发。

采用瀑布模型或是原型模型开发软件时,目标都是一次就把一个满足所有需求的产品提交给用户。增量模型则与之相反,它是分批逐步地向用户提交产品,整个产品被分解为许多个增量构件,开发人员一个构件一个构件地向用户提交,从第一个构件交付之日起,用户就能做一些有用的工作。其优点是:能在较短时间内向用户提交可完成部分工作的产品是增量模型的一个优点;另一个是逐步增加产品功能可以使用户有较充裕的时间学习和适应新产品。使用增量模型也有一定的困难,就是把每个新的增量构件集成到现有软件体系结构中时,必须不破坏原来已开发的产品。

2.增量式模型的使用范围

(1)项目开始时明确大部分需求,但是需求可能会发生变化。

(2)对于市场和用户把握不是很准,需要逐步了解的项目。

(3)对于有庞大和复杂功能的系统进行功能改进时需要一步一步实施的项目。

2.5.5　螺旋式模型

软件开发几乎总是存在一定的风险,如产品交付给用户后用户并不满意,到了交付日期项目还没开发完,一些核心技术人员跳槽等。软件风险存在于任何软件开发项目中,项目越大,软件越复杂,承担该项目所冒的风险也越大。因此,在软件开发中必须及时识别和分析风险,螺旋模型(Spiral Model)就是针对风险较大的项目而设计的一种模型。

螺旋模型由 B. Boehm 于 1998 年提出,螺旋模型的每一次迭代都要根据需求和约束进行风险分析,以权衡不同的选择,并且在确定某一特定选择之前,通过原型化验证可行性。当风险确认之后,项目经理必须决定如何消除或最小化风险。

螺旋式模型的基本思想是使用原型及其他方法来尽量降低风险。可以把它看做是在每个阶段之前都增加了风险分析过程的原型模型,如图 2.12 所示。

每个循环步骤包括如下四个阶段:

(1)制订计划。确定软件目标、需求和选定实施方案,弄清项目开发的限制条件,确定下一步可选的方案。

(2)风险分析。评估所选方案,考虑如何识别和消除风险,进行原型开发。

(3)实施工程。实施软件开发、编码和测试。

(4)客户评价。评价开发工作,提出修改意见,规划下一阶段任务。

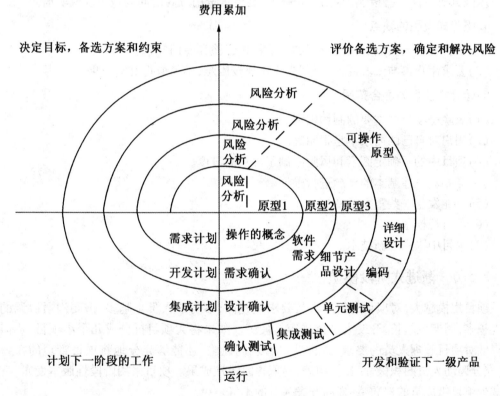

图 2.12　螺旋式模型图

螺旋式模型提供了多个系统构造,为用户提供了几个可选的机会,因此需要精心策划。

1. 螺旋式模型的特点

(1)表现为原型的多次迭代。

(2)可以将每个阶段进行更细的划分。

(3)可以进行灵活的设计。

(4)通过风险管理进行驱动。

(5)用户可以更早地看到并使用产品。

(6)用户可以不断地对产品进行评估。

(7)用户可以与开发人员进行紧密合作。

（8）项目的投资非一次性投入。

（9）可以给开发人员更多的反馈信息。

2. 螺旋式模型的使用指南

（1）采用最低成本开发对项目有用的部分。

（2）允许设计的变动。

（3）选择比较小的步伐循序渐进。

（4）需求规格处于可修改状态。

（5）项目中有很多风险，注意对风险的控制。

3. 螺旋式模型的优点

风险分析可使一些极端困难的问题和可能导致费用过高的问题被更改或取消。

4. 螺旋式模型的缺点

（1）需要开发人员具有相当丰富的风险评估经验和专门知识。

（2）要求用户参与阶段评价，对用户来说比较困难，不易取得好的效果。

5. 螺旋式模型的适合范围

（1）风险是项目中主要的制约因素。

（2）用户对自己的需求不是很明确。

（3）项目中的不确定因素和风险限制了项目的进度。

（4）需要对一些基本的概念进行验证。

（5）可能发生一些重大的变更。

（6）项目规模很大。

（7）项目中采用了新技术。

2.5.6　渐进式阶段模型

项目规模越大，对项目的管理人员要求就越高，参与的人员也越多，需要沟通协调的渠道也越多，周期也越长，开发人员也越容易疲劳。如果将大项目拆分成几个小项目，不但可以降低对项目管理人员的要求，减少项目管理的风险，还能够充分地将项目管理的权力下放，充分调动人员的积极性，目标明确，易取得阶段性成果。项目采用阶段性版本发布，有助于减少项目组成员的挫败感，提高开发人员的士气。

渐进式阶梯模型是综合了增量模型和螺旋模型的一个实用性模型，体现渐进式过程和阶段提交的模式，如图 2.12 和 2.13。从图 2.12 可以看出"项目规划""项目管理""需求管理""总体设计""详细设计""构建""质量保证/测试""文档编写"等过程均贯穿于项目始终，只是各个阶段的任务量不同。"项目规划"开始任务多，而后每个阶段的工作量逐渐减少；"项目管理"从始至终都是有的；"需求管理"开始任务多，然后逐步减少；"总体设计"也是在需求快结束的时候开始，然后逐步减少。

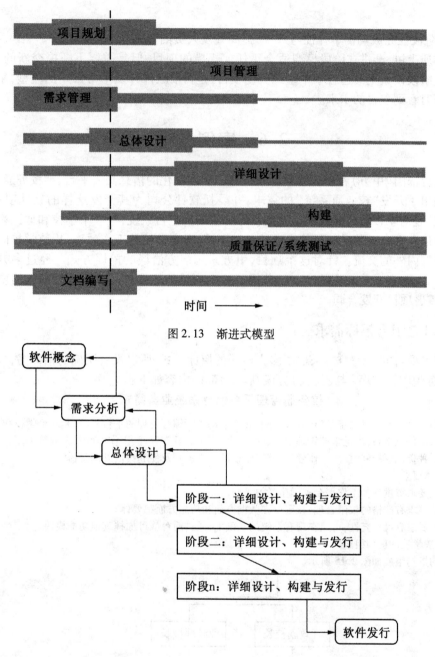

图 2.13　渐进式模型

图 2.14　阶段式模型

1. 渐进式阶段模型的特点

(1)阶段式提交一个可运行的产品,且每个阶段提交的产品都是独立的系统。

(2)关键的功能更早出现。

(3)通过阶段式产品的提交,可以早期预警问题,避免后期发现问题的成本高。

(4)通过阶段式提交可以运行的产品,来有力地证明项目的实际进展,减少项目进展报告的负担。

(5)阶段性完全可以降低估计失误,因为通过阶段完成的评审,可以重新估算下一阶段的计划。

(6)阶段性完成均衡了弹性与效率,提高开发人员的效率和士气。

从本质上讲,渐进式阶段模型适合于任何规模的项目,但是需要不断提交新的版本,因此渐进式阶段模型主要适合于中型或大型项目,是目前软件开发中常采用的模型,采用此模型可以随时看到项目的未来。

2.6 案例分析

某教育部门(甲方)希望所管辖的学校有一个现代化的信息交流平台,即校务通系统,为此他们提出了开发"校务通系统"的需求,并委托软件公司为其开发这样的软件项目。"校务通系统"是对学校教务和教学活动进行综合管理的平台系统,是一个学校和地区教育信息化的基础信息平台。其目的是共享学校各种资源、提高学校的工作效率、规范学校的工作流程及便利校内外的交流。针对这个项目,甲方采用多方洽谈的招标方式。经过多方沟通和不懈的努力,北京×××公司(乙方)获得了这个项目的开发权。双方经过多次的协商和讨论,最后签署项目开发合同。

2.6.1 甲方招标需求

由于本项目的甲(卖)方采取了多方洽谈的招标方式,所以没有明确的招标书,只编写了《工作任务说明》(SOW)与乙(买)方谈判。SOW 的内容如下:

校务通管理平台信息系统业务需求

校务通管理平台信息系统是对学校教务和教学活动进行综合管理的平台系统,是一个学校和地区教育信息化的基础信息平台,满足学校管理层、教师、学生、家长等日常管理、工作、学习、咨询等工作。其目的是共享学校各种资源、提高学校的工作效率、规范学校的工作流程及便利校内外的交流。

一、整体要求

1. 系统要求提供教师工作平台和学生学习平台。

2. 系统要求有严格的权限管理,权限要在数据方面和功能方面都要体现。

3. 系统要求有可扩充性,可以在现有系统的基础上,通过前台就可加挂其他功能模块。

二、一般学校的机构组成

学校的机构组成如图 2.15 所示。

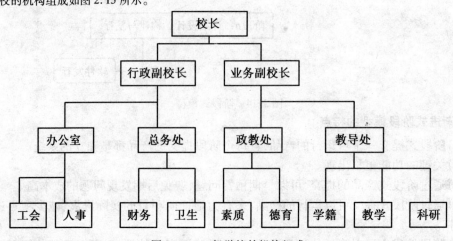

图 2.15 一般学校的机构组成

说明:

（1）可能每个学校机构不尽相同，但基本框架相似。这里需要指出的是关于学科教研室设置，有几种情况：

①每个年级设立学科教研室，如初一数学教研室、初二数学教研室等。

②每个级部设立学科教研室，如初中数学教研室、高中数学教研室等。

③每个学校设立学科教研室，如××学校数学教研室、××学校数学教研室等。

所以，教研室最好不要在机构中体现，在教师基本情况中体现即可。

（2）对于学校组织机构和人员的设置应遵循以下原则：

①组织机构设置：××学校为一级；各处（室）、单位、级部为二级；各年级为三级；各班级为四级。

②人员设置：各人员均设置在相应的处（室）、单位、级部和年级，即人员的设置最低到年级。

（3）机构的日常业务。

①办公室：各类通知的上传下达、工作安排、日程管理和教师档案管理。

②总务处：固定资产管理、教学仪器的使用管理、图书的借阅管理和卫生值日的安排和检查。

③政教处：学生德育教育的管理和评定、学生家长和学校的沟通以及学生大型活动的安排。

④教务（导）处：学生学籍的管理、教师教学的管理。

⑤班主任：班级学生学籍的管理、学生日常管理、学生素质评价、学生学期评定和学生毕业鉴定。

⑥任课教师：学生的教学（备课、考试）及学生考试成绩评价分析。

三、系统功能描述

（一）通用功能

对于每个教师登录系统后，系统都应提供如下功能：

（1）电子课表。系统根据学校总排课的情况和该教师的任课情况，自动生成电子课表供该教师查阅。

（2）会议通知和公告。系统根据该教师的权限，自动列出该教师需要查阅的回忆通知和公告，同时若具备起草和发布通知和公告，则系统提供相应功能。发送通知和公告应可自由设定相应的权限组，如全体学生、全体教师和一年级全体教师等。

（3）日常安排。该日程安排应可分级设定，教师登录后可看到与自己有关的日程，同时能对自己的日程进行安排，日程安排同时需要设置自动提醒功能。

（4）个人日记。系统可为每个用户设置一个用于个人记事的功能。

（5）通讯录。系统自动从教师基本信息和学生基本信息中抽取通讯记录，形成公共通讯用于用户查询使用，同时应给用户提供一份个人通讯录，该通讯录应有录入、修改、删除和检索的功能。

（6）教师答疑。系统自动抽取学生在学生平台提出的需相应教师回答的问题，由教师进行解答，并记录相应状态。

（7）家庭作业。教师可利用此功能对学生进行作业布置和批改。

（二）学校日常业务管理功能

1.招生管理

本功能完成各学校从招生到入学的全部过程。其业务流程图如图2.16所示.说明：

（1）对于招生工作，首先是报名，系统需要提供报名功能，有的学校还要组织招生考试，也有的某些学校招生不存在入学考试，如小学的招生和某些中学的招生等。如不需考试则根据报名审查情况录入新生基本信息（参照所提供资料的"招生录入"），录入信息包括姓名、性别、总分、考生来源和考生类型等。

（2）符合入学条件的学生全部录入或根据考试情况转入完毕后，首先要根据性别和分数进行分班，分班原则为：每班男生、女生比例要基本一致，各班各分数段的人数要基本一致。自动分班后，一定要提供手工调整的功能。

（3）分班结束后，转入正常教学工作前一定要保证各班的升学工作已经结束。

（4）统计查询。可按入学总分统计查询，可按男女生查询，按学生来源统计。对于总分可按任意分数段统计。如每10分一个分数段，或每1分一个分数段。

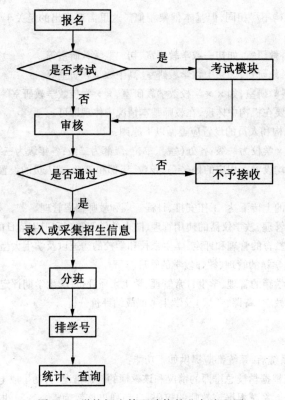

图 2.6   学校招生管理功能的业务流程图

2. 学生日常管理

学生日常管理应包括学生档案管理、学生考勤管理、学生奖惩管理和学生变动管理。

(1)学生档案管理。本模块应完成学生基本档案信息的录入过程。具体内容请参照所提供资料完善，需要加入照片。很多项目有下拉框供选择，日期时间加一个统一的控件。另：学籍卡片附后。

(2)学生考勤管理。能完成正常的考勤工作即可。

(3)学生奖惩管理。本功能将合并到后期的学生素质评价中。

(4)学生变动管理。应包括升学、降级、留级、转学、转班、休学、复学、辍学、退学、开除和死亡等。对于升学要考虑用户可操作性，不能对每个学生逐个进行升学处理。

3. 教务管理

教务管理主要完成以下功能：教师日常管理，年级、班级设置，学科设置，年级、班级课程设计，排课表，考试，评价。

(1)关于教师档案，比照所提供资料设计，现在也没有一个成形的设计。关于论文、奖惩和培训都放在后期教师评价统一处理。

(2)对于年班级设置、学科设置和年班级课程设计基本按照我们讨论的结果。需要指出的是：在班级设置中，增加一个班级级别字段，用来后期对班级的评价，有些学校每学期都会对每个班级打分，评出星级班级。学科设置，由于前面讲到的机构问题，最好不要和学科教研室联系。

(3)对于排课表的设计要遵照以下原则。

①确定每个班级的课程类型、每门课的任课教师、每门课的周课时数和每周上课的天数。

②确定学校每天课时数。

③确定每门课在节次上的限制。

④确定每门课的场地限制。

⑤每个任课老师在兼顾前面的情况下，每天上课时间要交错开。

⑥其他因素,如在哺乳期的教师不能安排在开头或者结尾几节课等。

(4)考试管理。学校考试管理功能的业务流程图如图2.17所示。考试是各个学校比较重视的一个方面,因为考试成绩在现阶段很多方面起着主导作用,现将考试需求明确如下:

①对于老师类型用户应可以自行维护,考试类型维护中应增加权重(即所占比例)一项。

②考试科目和考试时间可根据实际情况设置。

考场安排应遵循以下原则:

①对不需要安排考场的考试如单元考试等可跳过。

②对需要安排考场的考试首先要确定考生数量、考生来源(班级或学校)、考场数量,每个考场的考生数量和课桌排列方式。

③根据以上情况按照相同来源的考生的前后左右不能相邻的原则分考场和考号。

考试成绩录入,应能够按照每个班级、学科录入,对于成绩单的生成,也可考虑用数据导入。

考试成绩应能够按照班级排序查询或者按照参加此类考试的全部学生排序查询,可以按照优秀率、及格率、平均分和标准分统计。可以按照分数段统计,分数段可自由设定。

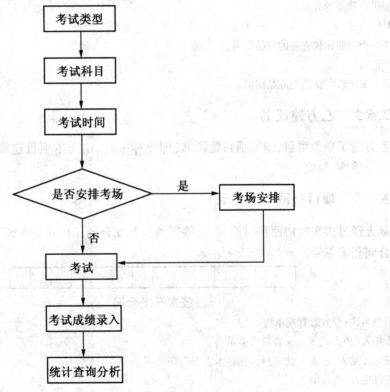

图2.17　学校考试管理功能的业务流程图

(5)评价。

本模块完成对教师、班级和学生的评价。

①教师教学评价。对于教师评价,暂按如下操作:

①评价工作通常每学期一次,期末产生结果。

②设定一指标体系框架,指标内容可由用户自行维护。指标体系要分级:中学－师德素质－爱岗敬业。指标应包括,具体指标内容、权重、分数和备注。

③对于教师的论文情况、奖惩和培训情况都可作为指标维护。

④对每个教师所涉及的指标录入相应的分数和备注。

⑤通过指标的组合形成一个评价公式(评价方案)。

⑥根据评价方案产生评价结果。

②班级星级评价。班级评价比照教师评价操作,对于评价应该有一个分数转换对照表,如90分以上为优秀、A级和五星级等。

③学生素质评价。学生素质评价比照以上操作。但需要考虑,如何把各种考试成绩加到评价系统指标体系中。

4.教师备课系统

此功能提供给每一个授课教师一个计算机备课的功能,包括备课素材的准备、组织以及备课笔记的生成和存档。

5.资源库系统

应提供一个标准的资源库解决方案。

6.网上考试功能

提供自动组卷方案。

7.聊天室

挂一个功能比较完善的成品即可。

8.论坛

找一个比较有特色的成品即可。

2.6.2　乙方建议书

乙方为了争取项目,编写项目建议书(即投标书)。由于本项目建议书与需求规格说明书有部分重叠,暂略。

2.6.3　项目合同

双方经过多次的协商和讨论,最后签署项目开发合同。合同文本如下:

合同登记编号:

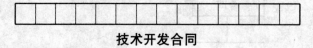

技术开发合同

项目名称:校务通管理系统

委托人(甲方):×××省教育委员会

研究开发人(乙方):北京科力拓技术发展有限公司

签订地点:北京市

签订日期:2003 年 4 月 10 日

有效期限:2003 年 4 月 10 日至 2003 年 12 月 16 日

北京技术市场管理办公室

根据《中华人民共和国合同法》的规定,合同双方就校务通管理软件系统开发项目的技术开发(该项目属于/计划),经协商达成一致意见,签订本合同。

一、标的技术的内容、范围及要求

根据甲方的要求,乙方完成校务通软件系统的研制开发。

1.根据甲方要求进行系统方案设计,要求建立 B/S 结构的,基于 Sql Server 数据库、NT 服务器和 J2EE 技术的三层架构体系的综合服务软件系统。

2.配合甲方,在与整体系统相融合的基础上,建立系统运行的软硬件环境。

3. 具体需求见 SOW。

二、应达到的技术指标和参数

1. 系统应满足并行登录,并行查询的速度要求。其中主要内容包括:(1)保证 100 人以上可以同时登录系统;(2)所有查询速度应在 10 秒以内;(3)保证数据每周备份;(4)工作日期间不能当机;(5)出现问题应在 10 分钟内恢复。

2. 系统的主要功能是满足双方认可的需求规格,不可以随意改动。

三、研究开发计划

1. 第一阶段:乙方在合同签订后 7 个工作日内完成合同内容的系统设计方案。

2. 第二阶段:完成第一阶段的系统设计方案之后,乙方于 50 个工作日内完成系统基本功能的开发。

3. 第三阶段:完成第一和第二阶段的任务之后,由甲方配合乙方于 3 个工作日内完成系统在×××信息中心的调试和集成。

四、研究开发经费、报酬及其支付或结算方式

1. 研究开发经费是指完成本项目研究开发工作所需的成本。报酬指本项目开发成果的使用费和研究开发人员的科研补贴。

2. 本项目研究开发经费和报酬及(人民币大写):×××万元整。

3. 支付方式:分期支付。

本合同签订之日起生效,甲方在 5 个工作日内应付乙方合同总金额的 50%,计人民币×××.00 元(人民币大写×××元整),验收后甲方在 5 个工作日内付清全部合同余款及人民币×××.00(人民币大写×××元整)。

五、利用研究开发经费购置的设备、器材和资料的财产权属_____。

六、履行的期限、地点和方式

本合同自 2003 年 8 月 16 日至 2003 年 11 月 16 日在北京履行。

本合同的履行方式:

甲方责任:

1. 甲方全力协助乙方完成合同内容。

2. 合同期内甲方为乙方提供专业性接口技术支持。

乙方责任:

1. 乙方按甲方要求完成合同内容。

2. 乙方愿提供在实现产品功能的前提下,进一步予以完善。

3. 乙方在合同商定的时间内保证系统正常运行。

4. 乙方在项目验收后提供一年免费维护。

5. 未经甲方同意,乙方不得向第三方提供本系统中涉及专业的技术内容和所有的系统数据。

七、技术情报和资料的保密

本合同中的相关专业技术内容和所有的系统数据归甲方所有,未经甲方同意,乙方不得提供给第三方。

八、技术协作的内容

见系统设计方案。

九、技术成果的归属和分享

专利申请权:_____。

技术秘密的使用权、转让权:_____。

十、验收的标准和方式

研究开发所完成的技术成果,达到了本合同第二条所列技术指标,按国家标准,采用一定的方式验收,由甲方出具技术项目验收证明。

十一、风险的承担

在履行本合同的过程中,确因在现有水平和条件下难以克服的技术困难,导致研究开发部分或全部失败所造成的损失,风险责任由甲方承担 50%,乙方承担 50%。

本项目风险责任确认的方式:双方协商。

十二、违约金和损失赔偿额的计算

除不可抗力因素外(指发生战争、地震、洪水或其他人力不能控制的不可抗力事件),甲乙双方须遵守合同承诺,否则视为违约并承担违约责任。

如果乙方不能按期完成软件开发工作并将产品交给甲方使用,乙方应向甲方支付延期违约金。每延迟一周,乙方向甲方支付合同总额 0.5% 的违约金,不满一周按一周计算,但违约金总额不得超过合同总额的 5%。

如果甲方不能按期向乙方支付合同款项,甲方应向乙方支付延期违约金。每延迟一周,甲方向乙方支付合同总额 0.5% 的违约金,不满一周按一周计算,但违约金总额不得超过合同总额的 5%。

十三、解决合同纠纷的方式

如在履行本合同的过程中发生争议,双方当事人经和解或调解不成,可采取仲裁或按司法程序解决。

1. 双方同意由北京市仲裁委员会仲裁。

2. 双方约定向北京市人民法院起诉。

十四、名词和术语解释

如有,见合同附件。

十五、其他

1. 本合同一式六份,具有同等法律效力。其中正式两份,甲乙双方各执一份;副本 4 份,交由乙方。

2. 本合同未尽事宜,经双方协商一致,可在合同中增加补充条款,补充条款是合同的组成部分。

2.6.4 乙方项目授权书

签署合同之后,乙方授权项目经理正式管理这个项目,即授权项目。为此编写项目章程,这个项目的项目章程见表 2.2。

表 2.2 项目生存期模型

项目名称		校务通系统	项目标识	QTD – SCHOOL
下达人		项目委员会	下达时间	2003 年 4 月 10 日
项目经理		李会	项目计划提交时限	2003 年 4 月 14 日
送达人		郭奇,孙明,杨琴,岳静波,姜昊		
项目目标		1. 为×××提供基于 B/S 结构的校务管理系统; 2. 为×××提供多平台的交流		
项目范围	项目性质	公司外部项目,属软件开发类		
	项目组成	见项目输入		
	项目要求	见项目输入		
	特殊说明	无		
项目输入		1.《校务通管理系统实施方案建议书》 2. 合同及其附件		
项目用户		×××教育委员会		
与其他项目无关		无		
项目限制	完成时间	预计完成时间为:2003 年 6 月 20 日		
	资金	见项目输入		
	资源	依据批准的项目计划		
	实现限制	B/S 结构,开发平台为:Windows NT,IIS Server,SQL Server,J2EE		

2.6.5　生存期模型

针对本项目的开发特点,参考企业的生存期模型说明和软件过程体系,决定采用增量式模型如图 2.18 所示,理由如下:

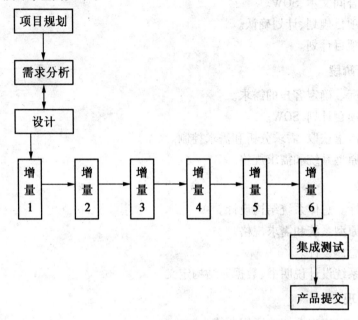

图 2.18　项目生存期模型

(1)校务通系统的全部功能分为通用功能和日常业务管理功能两大类,因此可以先基于通用功能作出一个最小的使用版本,再逐步添加其余的功能。这样一来,用户可以在先试用最小版本的同时,提出更多明确的需求,这有助于下一阶段的开发,大大减小开发的风险。

(2)在校务通系统需求中,要求系统有可扩充性。若使用增量模型,可以保证系统的可扩充性。用户明确了需求的大部分,但也存在不很详尽的地方。例如,"关于教师档案,比照所提供资料设计,现在也没有一个成形的设计",资源库系统只提到"应提供一个标准的资源库解决方案"。这样只有等到一个可用的产品出来,通过客户使用,然后进行评价,评估结果作为下一个增量的开发计划,下一个增量发布一些新增的功能和特性,直至产生最终完善的产品。

(3)"系统要求有可扩充性,可以在现有系统的基础上,通过前台就可加挂其他功能模块"——也说明用户可能会增加新的需求。

(4)对一个管理方式已经比较成熟的学校,要完全舍弃原有的管理方式,用校务通系统替代全部管理,这是不实际的。所以,人们可以从最基础的做起,逐步扩充其应用,所以选用增量模型来开发校务通系统。

(5)本项目具备增量式模型的其他特点。

①项目复杂程度为中等;

②预计开发软件的成本为中等;

③产品和文档的再使用率会很高;

④项目风险较低。

生存期中的各个阶段定义如下：

1. 项目规划阶段

(1)阶段目标。根据合同和初步的需求分析确定项目的规模、时间计划和资源需求。

(2)输入。合同文本、SOW。

(3)过程。项目规划、计划确认。

(4)输出。项目计划。

2. 需求分析阶段

(1)阶段目标。确定客户的需求。

(2)输入。项目计划、SOW。

(3)过程。需求获取、需求分析和需求控制。

(4)输出。原型系统和需求规格。

3. 设计阶段

(1)阶段目标。总体系统结构设计。

(2)输入。原型系统和需求规格。

(3)过程。总体设计。

(4)输出。系统设计说明书、数据库结构定义。

4. 增量 1 实现

(1)阶段目标。实现系统的通用功能。

(2)输入。系统设计说明书及数据库结构定义。

(3)过程。详细设计、编码、代码走查、代码评审和单元测试。

(4)输出。详细设计说明书、源代码和可运行版本 −1。

5. 增量 2 实现

(1)阶段目标。实现系统的招生管理功能。

(2)输入。系统设计说明书和数据库结构定义。

(3)过程。详细设计、编码、代码走查、代码评审和单元测试。

(4)输出。详细设计说明书、源代码和可运行版本 −2。

6. 增量 3 实现

(1)阶段目标。实现系统的学生日常管理功能。

(2)输入。系统设计说明书和数据库结构定义。

(3)过程。详细设计、编码、代码走查、代码评审和单元测试。

(4)输出。详细设计说明书、源代码和可运行版本 −3。

7. 增量 4 实现

(1)阶段目标。实现系统的教务管理功能。

(2)输入。系统设计说明书和数据库结构定义。

(3)过程。详细设计、编码、代码走查、代码评审和单元测试。

(4)输出。详细设计说明书、源代码和可运行版本 −4。

8. 增量 5 实现

（1）阶段目标。实现系统的教师辅助功能。

（2）输入。系统设计说明书和数据库结构定义。

（3）过程。详细设计、编码、代码走查、代码评审和单元测试。

（4）输出。详细设计说明书、源代码和可运行版本 - 5。

9. 增量 6 实现

（1）阶段目标。实现系统的聊天室/论坛功能。

（2）输入。系统设计说明书和数据库结构定义。

（3）过程。详细设计、编码、代码走查、代码评审和单元测试。

（4）输出。详细设计说明书、源代码和可运行版本 - 6。

10. 集成测试

（1）阶段目标。通过集成环境下的软件测试。

（2）输入。测试计划和测试案例。

（3）过程。集成测试和系统测试。

（4）输出。系统软件包、测试报告和产品说明书。

11. 产品提交

（1）阶段目标。产品可投入使用。

（2）输入。系统软件包。

（3）过程。产品提交。

（4）输出。验收报告。

本章小结

本章介绍了项目立项管理的基本内容，重点指出了立项管理活动的必要性及科学性，并就软件项目生存期模型进行了分类与总结。本章在相应部分还给出了项目初始阶段的模板及典型案例。

思考题

1. 试述立项管理流程。

2. 为什么要进行立项可行性分析报告及立项评审？

3. 项目经理应具备哪些能力？其责任与权力是什么？

4. 软件项目生存期模型有哪些？

第3章

▶▶▶▶▶

项目评审管理

▶▶▶▶▶▶▶▶▶▶▶▶

学习目标:在软件开发过程中,为了确保开发过程和软件质量,企业会有大量的评审活动,根据被评审的对象及评审目的,评审分为管理评审和技术评审。通过本章的学习,应熟练掌握管理评审与技术评审的内容与差别,以及评审管理活动各方面的内容。

在软件开发过程中,为了确保开发过程和软件质量,企业会有大量的评审活动,根据被评审的对象及评审目的,评审被分为管理评审和技术评审。

管理评审是在项目组内部实施的对项目计划、项目约定和里程碑等管理类工作产品的评审,从而保证制订出切实可行的计划,避免作出在能力范围外的约定或承诺。同时可以根据里程碑阶段项目完成的状态决定是否可以进入下一个里程碑阶段。

技术评审主要是指项目组成员邀请同行技术专家对工程过程技术类工作产品进行评审,尽早地发现工作产品中的问题和缺陷,这有助于项目组成员及时改正问题和弥补缺陷,有效地开发高质量的产品。

为了在项目开发过程中更好地进行项目评审,按评审要求的严格程度可分为正式评审、非正式评审和审核。在下面将给予详细阐述。

3.1　项目评审管理简述

项目评审就是进行审查和批准项目计划,它是对项目变更和工作进展评价的一个步骤。项目评审工作的主要内容就是对项目计划执行情况以及未来计划的情况作一个评审,同时也对项目的财务状况及其他情况作一个总结。它可以为项目团队在处理项目风险时提供机会,获得管理层的支持,同时得到高层管理方面对项目继续开展的认可。执行项目评审主要目的有以下三点:

(1)为项目在研发过程中各阶段需要进行的评审活动(包括同行评审和管理评审)提供实际的评审操作流程,规范各阶段的评审工作。

(2)规范项目中评审计划的执行方式和方法,提高项目评审的效率。

(3)方便项目组成员和评审员之间就工作产品的内容达成一致意见。

进行评审时以下几点原则需要遵守:

(1)在项目开发计划中确定各阶段需要进行评审的项目产品及要举行的评审活动,如里程碑评审、阶段评审等,评审要按计划进行,并有相应的文档记录。

(2)在评审之前,项目经理组织人员准备好评审材料,并提供评审标准,通知同事或邀请相关评审人员参加,进行正式评审前还需要预审。

（3）评审活动需要有项目经理、总工程师或研发部经理以及有同类相关产品开发经验的人参与。

（4）关注被评审的产品，识别并解决工作产品中的缺陷。

按评审要求的严格程度将项目评审分为正式评审、非正式评审和审核。

（1）正式评审。软件需求、项目计划、项目验收、项目里程碑和项目立项等均需经过正式评审。

（2）非正式评审。适用于除需求和验收以外的工作产品评审；项目经理根据项目的类型，选择工作产品的评审方式。

（3）审核。适用于不太重要的工作产品或人力资源不足的小型项目。

在进行项目计划时，需要明确项目中各类活动及工作产品的评审计划，此时需确定每类活动或工作产品评审的类别，如何来确定呢？可以考虑以下几个因素及要求：

（1）根据项目级别，项目经理确定需要进行的评审活动。

（2）根据《机构标准软件过程》确定需要进行的评审活动。

（3）考虑项目的类别，如把项目分为新产品研发类项目、产品升级类项目和合同类项目。

（4）立项评审之外，项目中其他评审均是一样的。新产品研发类项目、产品升级类项目立项必须通过正式评审；合同类项目、维护类项目合同签订后即认为立项评审通过。

3.2　评审管理活动

3.2.1　项目评审流程

在项目开发过程中，各类评审都应按计划进行，因此制订评审计划是其重要的环节。以后的评审工作，应按计划执行。为了保证评审效果，除了要在评审前准备好相关资料，交由参评人员提前阅读，以便发现问题。项目评审流程要注意以下几点：

（1）在选定评审小组成员时，要保证其技术水平，避免"专家"对所开发的系统或领域不清楚，无问题可提。

（2）为节省评审会议用时，评审员可以在参与者提前阅读评审资料时给出《预审问题清单》。

（3）评审组织要明确评审主题，避免在评审会上将时间浪费在无关紧要的问题上。

具体的项目评审操作流程如图 3.1 所示。

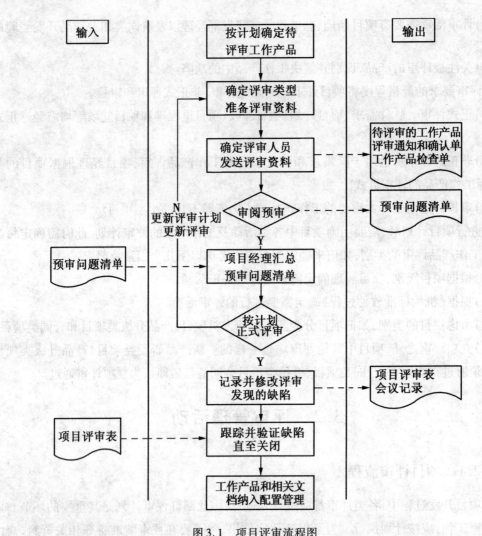

图 3.1   项目评审流程图

3.2.2   编制项目评审计划

无论什么类型的项目,研发立项通过之后,在项目计划初期就应确定项目评审计划,并将项目评审计划作为项目开发计划的一部分,写入项目开发计划中,根据裁剪的软件生命周期、软件开发过程,描述需要评审的项目、评审方式、评审时间和评审人员组成等。编制项目评审计划是项目评审管理的第一步,在每个阶段都要比较评审计划和具体实施情况,并根据实际情况调整评审计划。对项目的所有评审结果都应记录在《项目评审表》中,并对结果进行相应处理。

根据软件项目的评审计划和实施情况,在软件开发中需要评审的内容见表3.1。

表 3.1　项目评审表

项目类	工作产品列表	评审方法	成果	责任人
新产品研发类项目	项目开发计划	正式	项目评审表	项目评审小组
	用户需求说明书			
	软件需求规格说明书			
	概要设计说明书			
	系统测试用例	非正式		
	集成测试用例			
	数据库设计			
	详细设计说明书			
客户定制或合同类开发项目	项目开发计划	正式	项目评审表	项目评审小组
	用户需求说明书			
	软件需求规格说明书			
	概要设计说明书	非正式		
	系统测试用例			
	集成测试用例(可选)			
	数据库设计(可选)			
	详细设计说明书(可选)			
产品升级类项目	项目开发计划(开发和管理计划)	非正式	项目评审表	项目组成员,相关人员
	用户需求说明书(可选)			
	需求规格说明书	正式		项目评审小组
	概要设计说明书(可选)	非正式		项目组成员
	系统测试用例(可选)			项目经理
	详细设计说明书(可选)			
	概要设计说明书(可选)	非正式		项目组成员
	系统测试用例			项目经理
所有项目	里程碑评审	正式	项目评审表	项目经理
	用户手册	非正式		文档人员
	项目总结报告	正式		项目经理

在制订评审计划时,还要明确每次评审的参加人员,切勿评审时临时确定。确定评审人员应遵循以下三条原则:

(1)为处于项目不同开发阶段的工作产品确定参与评审的成员名单和候选人名单。

(2)质量保证工程师参与正式评审,有选择地参加非正式评审,审核过程不用参加。

(3)评审人员在项目计划里明确。

表 3.2 给出主要工作产品技术评审人员组成建议。

表 3.2   评审人员组成表

评审阶段	评审对象	建议评审小组组成
立项	《立项报告》	总工程师、研发部经理、项目经理、同行高级经理、销售人员和其他人员
项目计划	《项目开发计划书》	总工程师、研发部经理、项目经理、同行项目经理、系统设计人员（系分人员）、测试人员、质量保证工程师、销售人员和其他人员
	《测试计划书》	项目组成员、质量保证工程师、测试人员和其他人员
	《质量保证计划》	项目经理、QA 经理和质量保证工程师
	《配置管理计划》	项目经理、质量保证工程师和 CM
需求分析	《用户需求说明书》	系统设计人员（系分人员）、项目经理、系统测试人员、质量保证工程师、用户代表和业务专家
	《软件需求规格说明书》	系统设计人员（系分人员）、项目经理、系统测试人员、质量保证工程师、用户代表和业务专家
设计过程	《概要设计说明书》	系统设计人员（系分人员）、程序员、项目经理和系统测试人员
	《详细设计说明书》	系统设计人员（系分人员）、程序员、系统测试人员
	《测试用例》	测试工程师、程序员（单元测试）或系统测试人员和质量保证工程师
项目验收（内部）	项目成果	总工程师、研发部经理、项目经理、同行高级经理和其他人员

对于管理评审,如里程碑处的评审,参加的人员除了项目组、同行专家等技术类人员之外,还需要增加公司具有管理决策能力的人员参加,必要时可以请总经理参加。

3.2.3   正式评审

正式评审是通过对形成基线的配置项进行的评审,它应发现并标识产品缺陷。正式评审包括下述六个步骤。

1. 评审前准备

(1)项目经理确认待评审的工作产品是否已具备评审条件,具备评审条件的项目如规模较大可将评审分成一个或几个阶段进行。

(2)项目经理填写《评审通知和确认单》,将评审的相关资料提前 2~3 天提交给参加评审人员及质量保证工程师,并与参加评审的人员进行协调,明确评审人员在评审会议中的角色,确定具体评审时间。

2. 预审阶段

(1)评审参加人员明确了解他们在评审会议中的角色,在收到评审资料后对评审工作产品的内容进行详细预审,发现存在的缺陷和问题并分类整理,填写《预审问题清单》。

(2)评审参加人员在评审会议前 1 个工作日将《预审问题清单》反馈给项目经理。

(3)项目经理把《预审问题清单》反馈给相应的项目组成员,同时提交给质量保证工程师。

(4)项目组成员根据《预审问题清单》对需要评审的工作产品进行修改,或准备评审答辩资料。

(5)质量保证工程师检查评审组成员是否已经有充分的准备,并收集评审员的评审工作量。

3. 正式召开评审会议

(1)会议时间控制在 2～3 小时,人员低于 5 人;主持人宣布注意事项;作者花 5～10 分钟介绍项目背景及本次评审工作产品的主要内容。

(2)每位评审人员利用一定的时间指出问题,并和作者确定问题和定义问题的严重程度。

(3)主持人控制整个会议的进程;当出现难以确定的问题时,由仲裁者确定处理方式。

(4)记录员详细记录每个缺陷的情况,仲裁者将指派作者和评审参加人员在会后处理评审会议中未能解决的问题。

(5)主持人宣布评审结果,评审参加人员通过讨论,就评审结果达成一致意见;记录员完成《项目评审表》,评审人员签字。

(6)项目经理在批准人一栏中签字批准。如果评审结论"需要次要修改",则确定验证人,并确定作者完成修改的时间。

4. 评审结果追踪

(1)《项目评审表》作为作者修改问题的参考;完成问题修改后提交给项目经理。

(2)项目经理把工作产品、《项目评审表》提交给验证人;验证人进行验证并签字。

(3)项目经理把验证签字后的《项目评审表》递交给质量保证工程师。

(4)质量保证工程师检查作者是否完成修改任务,并且修改后的工作产品在得到验证人的检查、确认后,质量保证工程师在项目评审表中签字确认。

(5)评审中产生的相关文档由项目经理统一提交给配置管理员,由其统一纳入配置管理,放进配置管理库。

5. 过程审计

质量保证工程师在正式评审结束后,根据《QA 阶段审计报告》中的对评审过程是否符合机构制定的规范进行审计,形成 QA 阶段审计报告,发现评审中产生的问题,持续改进评审流程。

6. 数据度量

在每次评审完成后,质量保证工程师在《项目度量数据库》中的《产品评审度量》记录评审的数据的内容包括:评审工作产品名称、工作产品规模、评审次数、评审人员数、评审时间和评审发现的问题。

3.2.4　非正式评审

非正式评审是指由个人(除作者外)或小组对产品执行详细的检查。其目的是审查工作产品是否有错误、是否违反开发标准以及是否存在其他问题、标识产品和规格与标准的差异或在检查后提供建议。非正式评审的步骤如下:

(1)作者完成工作产品,申请进行非正式评审。

(2)实施非正式评审,评审过程由项目经理决定,由项目经理自己或其指定资深组员

（统称为审查人）对作者提交的工作产品进行审查。

（3）审查人对工作产品提出问题并分类整理,填写《项目评审表》。然后,就检查出的问题向作者提问,作者回答问题,双方要对每个问题达成共识(避免误解),并为这些问题定义解决方案。

（4）审查人详细记录每一个已达成共识的问题,记录问题的位置,简短描述问题并对其进行分类。

（5）确定结论。项目经理给出评审结论和意见,总结整理《项目评审表》。

（6）作者根据《项目评审表》中提出的问题对工作产品进行修正。

（7）同时,项目经理将《项目评审表》交给质量保证工程师,由质量保证工程师跟踪问题是否已关闭,签署意见并反馈给项目经理。

（8）最后,项目经理把非正式评审中产生的记录统一递交给项目的配置管理员进行配置管理。

（9）在每次评审完成后,质量保证工程师根据《项目评审表》在《项目度量数据库》中记录评审的数据,内容包括:评审工作产品名称、工作产品规模、评审次数、评审人员数、评审时间和评审发现的问题。

3.2.5　审核

审核是由个人对工作产品进行检查,并确定检查结果。其中审核者直接由项目经理指定,一般为各个小组负责人,比如,测试人员提交的内容,由测试组长负责审核。如果项目规模在 15 人以下,建议审阅者就是项目经理;如果超过 15 人,可以根据实际情况确定,可以为各小组组长,但是批准者均为项目经理。审核步骤如下:

（1）作者完成工作产品,提交给审核者。

（2）审核者审阅工作产品,发现问题后以口头或书面形式反馈。

（3）作者修改问题,并把修改后的工作产品提交给审阅者验证。

（4）验证通过后,文档首页和修订页中说明审核人员和批准人员(项目经理)的名字。

3.2.6　里程碑评审

里程碑实际上就是项目进展过程中的若干个时间点,这些时间点是在项目计划阶段被定义的,并且得到项目相关各方的同意和承诺,在这些时间点上按计划规定进行一次较全面的评审活动,即里程碑评审。里程碑评审是在项目开发过程中最重要的一个管理评审,通过对项目阶段的进展状况、度量数据和发生的重大问题进行分析审查,总结前阶段工作、完善改进项目中出现的问题、确定项目发展方向和将来工作安排,以保证项目能够按照预定的计划顺利地实施。因此,对项目计划里确定的里程碑点必须正式评审。

在项目进行到重要的阶段或里程碑阶段,项目经理需要对项目情况进行总结,形成《阶段进度报告》。一般在里程碑评审之前完成,在评审时用于评审当前的项目状态,与项目开发计划进行比较,及时发现、解决项目过程中存在的问题。《阶段进度报告》包含的主要内容有:

（1）报告时间及所处的阶段名称;

（2）项目进度(本阶段主要活动说明、实际与计划比较分析结果和进度性能指数);

（3）工作中遇到的问题及策略（说明项目过程中遇到的问题及采取的解决措施）数据来源于项目组周报；

（4）本阶段完成的工作产品（说明本阶段完成的工作产品清单）；

（5）风险管理状态、质量保证状态、配置管理状态和需求管理状态等；

（6）下阶段工作安排；

（7）特殊问题。

总工程师、研发部经理等高层领导通过里程碑评审确认项目前期阶段的工作成果，并对下一阶段项目安排和活动内容达成一致意见，从而更好地进行项目过程控制。其工作步骤如下：

（1）项目经理及质量保证工程师在重要阶段和里程碑处跟踪项目进度，在《项目度量数据库》形成《项目参数图表分析》，分析进度情况，递交给研发部经理和总工程师。其分析内容主要包括：项目工作量按阶段分布、项目工作量按类别分布、工作量偏差趋势分析、项目进展盈余分析、项目进度成本偏差趋势分析和项目进度成本性能指标趋势分析等。

（2）配置管理员利用《基线计划及跟踪表》跟踪报告项目的里程碑状态，递交给项目经理、研发部经理和总工程师。

（3）在里程碑评审之前，项目经理需要负责完成《阶段进度报告》，并且组织正式评审，以便确定当前项目状态并对项目下一阶段达成共识、得到承诺。里程碑评审后，项目经理应完成《项目评审表》。

3.4 CMMI 对应实践

在 CMMI V1.2 版本中，直接评审相关的实践，在通用实践中有一个；在验证（Verification，VER）过程域中有一个特定目标，即"执行同行评审"（Perform Peer Reviews）；在项目跟踪与控制（Project Monitoring and Control，PMC）过程域中有两个特定实践。分别描述如下：

1. 通用实践（General Practice，GP）

GP 2.10 Review Status with Higher Level Management（高级管理者评审状态），重点关注，高层管理者应参与评审过程活动、状态和结果，并解决争议问题。其目的是：为高层管理者提供对过程的必要的可视性。此处所说的高层管理者包括机构内部那些比直接负责管理该过程的管理者层次更高的人员，如总工程师；特别是那些制订机构方针和过程改进方向的管理者，但不包括那些负责对该过程进行日常监督和控制的人，如项目经理。不同层次的管理者对过程信息有不同的需要。此类评审有助于高层管理者对过程策划和实施情况作出正确的判断或决策。高层评审的频率可以定期也可以事件驱动。

2. VER 过程域

SG2 Perform Peer Reviews（执行同行评审），目的是对选定的工作产品进行同行评审。

同行评审是以同行的角度识别工作产品中存在的缺陷及需要变更的地方，参与的人员必须是对此类工作比较熟悉的同行。同行评审主要适用于由项目组开发的工作产品，也适用于支撑小组开发的一些文档、跟踪记录等产品。它是一种重要且行之有效的验证方法，公司应当建立一套行之有效的同行评审管理体系。

　　SP2.1 Prepare for Peer Reviews(同行评审准备),同行评审的准备工作,通常包括:识别每一位参与审查工作产品的人员、识别必须参与的主要审查人员、准备及更新同行审查时需使用的数据,如检查表、审查准则及同行审查进度等。

　　SP2.2 Conduct Peer Reviews(执行同行评审),主要是针对所选定的工作产品进行同行评审,并由同行评审的结果识别问题。执行同行评审的目的之一是能及早发现并去除缺失,并且其应当随着工作产品的开发逐步进行。同行评审重点应为被审查的工作产品,而非工作产品的制作人员。评审过程中发现的问题,应与工作产品的主要制作人员沟通,以便修正。可以针对需求、设计、测试和实现活动的关键工作产品及特定的计划工作产品来执行同行评审。

　　SP2.3 Analyze Peer Review Data(分析同行评审的数据),分析同行评审的准备、执行及结果数据。典型的数据通常包括产品名称、产品规模大小、评审成员、评审类型、每一位评审人员的准备时间、评审会议时间、缺陷数、缺陷类型及发生处等。还包括其他可能搜集的工作产品信息,如开发阶段、所检查的操作模式及被评估的需求。

3. PMC 过程域

　　SP1.6 Conduct Progress Reviews(执行进展评审)。定期审查项目进展、性能和遇到的问题,主要是为了:定期与项目相关各方沟通分配给他们的工作任务和工作产品的状态;对控制项目而收集和分析的度量结果进行评审;确定并记录重大问题和与计划的偏差;记录变更请求以及在任何工作产品和过程中发现的问题;记录评审结果;跟踪变更请求和问题报告直至关闭。

　　SP1.7 Conduct Milestone Reviews(执行里程碑评审)。在项目里程碑处评审项目成果及其完成量,通常为正式评审。主要是为了:与项目相关各方一起执行里程碑评审;评审项目承诺、计划、状态和风险;确定和记录重大问题及其影响;跟踪采取的纠正措施直至其关闭。

　　从评审的内容上来看,可以把 GP2.10、PMC 的 SP1.6、SP1.7 划分到管理评审中去,因为它们均不侧重于项目中的技术文档。在工程过程域里,无论是需求、分析、设计、编码还是测试方案(用例),大都要求进行同行评审,因此把这类评审(对应于 VER 的 SP2.1、SP2.2、SP2.3)划分到技术评审中。

本章小结

　　项目评审是控制项目质量的重要手段之一。本章详细介绍了项目评审流程、如何编制项目评审计划、正式评审和非正式评审等内容,并结合 CMMI 相关质量保证标准进行对应,使读者可深入理解 CMMI 与质量保证的关系。

思考题

1. 试述项目评审的重要性。
2. 如何编制项目评审计划?
3. 项目评审表包括哪些内容?

第4章

项目初步计划

学习目标:项目计划作为项目管理的重要组成部分,其目的是建立和维护项目(开发)计划。其主要原则是先做概要或计划,然后再对要执行的活动细化,形成详细计划。通过本章的学习,应熟练掌握项目初步计划活动的基本流程,掌握任务分解方法、进度估算方法及如何编制进度计划的方法。

项目计划作为项目管理的重要组成部分,其目的是建立和维护项目(开发)计划。其主要原则是先做概要或初步计划,然后再对要执行的活动细化,形成详细计划。在企业实际操作过程中,不可能一次性地把项目的估算及详细计划、详细进度安排确定下来。特别是在需求分析还没有完成之前,在对需求还没有明确的情况下,更不可能把系统设计、编码、测试及项目的一些活动计划确定下来。但又不能在没有计划或工作安排的情况下进行需求的收集、需求的分析,所以把软件开发过程的项目计划分成项目初步计划及项目详细计划两部分来执行,以保证其在软件开发过程中的可用性。

4.1 项目计划简述

4.1.1 项目计划的目的

项目计划的目的是为项目的实施制订一套合理、可行的项目(开发)执行计划。编写项目开发计划,经评审、批准并以此作为项目跟踪监督的依据。

项目计划活动的主要内容包括:

(1)分解项目需求,标识项目全部工作产品和活动,编制 WBS。

(2)估算工作产品和活动的规模、工作量、成本和所需资源。

(3)识别并制订项目资料管理计划及工作进度表。

(4)识别和分析项目风险,编制风险管理计划。

(5)协商相关约定。

4.1.2 项目计划的原则

公司里执行项目计划活动时,一般会要求遵循一定的指导原则。项目经理负责裁剪《机构标准软件过程(OSSP)》,得到项目定义过程(PDP),在此基础上组织项目策划、编制项目开发计划。项目组在项目计划活动过程中,应该遵循以下几个原则:

(1)将经过评审确认后的《用户需求说明书》和《软件需求规格说明书》中的系统需求作为制订软件项目开发计划的基础。

（2）与其他相关组协商应由他们介入本项目组活动的计划，商定的介入活动纳入本项目计划，并有文字协议或记录。

（3）与部门外部（用户）以及其他相关组的项目约定，应经研发部经理或总工程师审批。

（4）按相关规程规定，估算项目软件的规模、工作量和成本时采用的假设条件和估算结果应经过评审和确认，以便作为机构过程资产最终存入过程数据库。

（5）估计产品运行所必需的关键计算机资源，估计项目开发所必需的设备和工具，形成文档，纳入项目开发计划。

（6）识别、评估软件风险，制订以首要风险应对措施为主要内容的管理计划，纳入项目开发计划。

（7）编制项目软件配置管理计划和质量保证计划，纳入项目整体开发计划书（可能是一份文档，也有可能是多份文档）。

（8）项目开发计划书（含各类专项计划）经过评审、确认和批准后纳入基线，用于项目跟踪监督，随后制订的项目开发计划变更应得到控制和管理。

4.2 项目计划流程

就整个项目计划活动而言，通过此过程之后，应当达到如下目标：确定项目生命周期阶段划分以及里程碑设置，标识全部工作产品和活动；确定项目资料清单及其管理计划；估算工作产品和活动的规模、工作量、成本以及各类资源；编制项目配置管理计划；识别、评估软件风险，制订风险管理计划；编制项目进度表；编制过程与产品质量保证计划；协商并确定组内和/或组间以及与外部（用户）的约定，取得承诺；制订项目计划，并经评审、确认和批准纳入基线，得到管理和控制。整个项目计划过程可以按照图4.1所示的流程来执行。

那么是根据什么来制订项目计划？一般有两种：一是机构内部的项目/产品立项审批文件或项目工作说明（Statement of Work，SOW）；二是经过评审、确认或审批的需求文档，包括项目（软件）需求和/或需求规格说明书。项目计划活动开始时，应根据项目工作说明和需求文档，确定项目范围，定义最终产品。

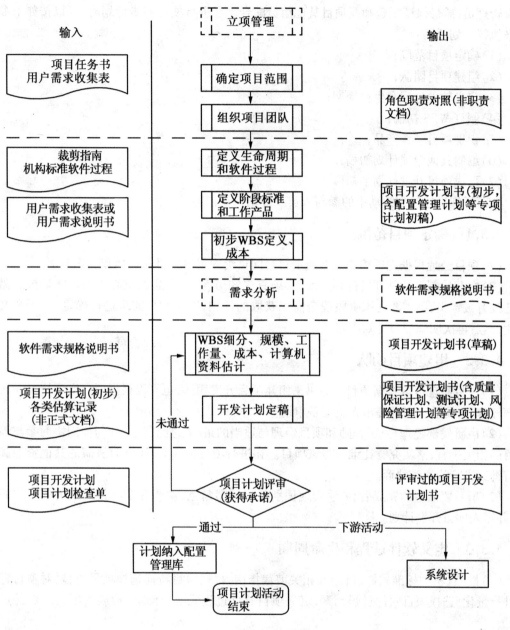

图 4.1 项目计划活动流程图

4.3 项目初步计划活动

项目计划是一个过程,在项目立项通过之后,由于需求获取及分析的不够充分,很难把项目计划一次性编制完成。项目初步计划是项目计划活动的第一个阶段,其目的是:根据项目任务书或项目合同为下一阶段可能进行的工作进行大体规划,定义项目开发计划初步的内容,以方便指导项目开发计划定稿之前的工作(主要是技术方案验证或方案预研,需求获取/收集及需求分析等相关的工作)。一般是在拿到《项目任务书》之后,以项目经理为主,

配置管理员、质量保证工程师及项目其他组员配合。在进行项目初步计划时,可以按如下顺序来执行计划活动:

(1)确定项目范围;

(2)组建项目团队;

(3)定义软件过程和生命周期;

(4)制订 WBS 初稿;

(5)识别项目工作产品;

(6)编制其他专项计划初稿;

(7)形成项目开发计划书初稿。

下面详细讲述计划活动中的参与人员及计划活动内容。

4.3.1   确定项目范围

(1)项目经理根据立项相关文档或项目合同负责确定本项目的目标和工作范围。

(2)在开始制订软件开发计划之前,必须首先知道客户/产品的核心需求。如果核心需求还没有被定义,则需要在该阶段确定需求获取的计划,以对客户需求进行确定、分析和文档化,然后再次明细项目计划内容。

4.3.2   组建项目团队

(1)项目经理可以根据项目任务书来组建项目开发团队,也可以根据项目实际情况向研发部经理/公司总工程师提出人员配备申请。

(2)由研发部经理/总工程师和项目经理与适当的组/人进行接触,并与他们协商参与该项目的相关事宜,落实究竟让谁参与该项目。在进行项目估计时,还要对所需的其他资源和支持继续进行沟通和协商。

(3)项目团队组建完成后,要明确地识别项目所需角色,说明每个项目组成员的工作职责,并写入项目开发计划。

4.3.3   定义软件过程和生命周期

(1)按照《机构标准软件过程》和相关剪裁指南,根据项目特征选择项目类型,对项目特征进行量化,选择项目软件过程元素,定义项目软件过程元素的活动,形成本项目的软件过程。

(2)由负责协调软件过程活动的组或个人,如项目质量保证工程师和 QA 经理等(具体人员在项目任务书中确定)评审项目软件过程的剪裁是否合理和适用,并由研发部经理批准。

(3)对于特殊过程的项目,参照《机构标准软件过程》进行更改,并经 EPG 批准后,该过程应作为过程财富纳入过程文档库进行管理。若全部遵照机构标准软件过程中的定义,则不需要执行该步骤。

(4)根据《机构标准软件过程》和相关剪裁指南,为软件项目选用项目的唯一、切合实际的软件开发生命周期。如果项目有需要,可根据剪裁原则对标准生命周期模型进行修改,并建立文档。

（5）由负责协调软件过程活动的组或个人，如：项目质量保证工程师和 QA 经理等（具体人员在项目任务书中确定）评审项目生命周期模型的剪裁是否合理和适用，并由 EPG 批准。

（6）对于特殊项目，如果其生命周期模型和标准周期模型有很大出入，必须由 EPG 批准；如果合适，该生命周期模型将作为过程财富纳入过程数据库进行管理。若全部遵照机构标准软件过程中的定义，则不需要执行该步骤。

4.3.4 制订 WBS 初稿

当需解决的问题非常复杂时，可以将问题分解成若干个容易解决的子问题，然后分别解决这些子问题。规划项目时，也应该开始于任务分解，将项目分解为更多的工作细目或者子项目，使项目变得更小，更易于操作和管理。通过任务分解最终得出项目的分解结构 WBS。

制订初步 WBS 分解，在项目的早期阶段开始制订 WBS，并随着工作的展开而逐步细化，定义出易于管理的 WBS 的最底层元素，形成项目开发计划初稿。建议采用项目管理工具（如 MS Project 等）形成 WBS 工作分解图。确定 WBS 的分级，一般为 4～5 级，在项目的早期阶段一般只需要制订到第 1、2 级的 WBS。在后续的项目各阶段需要逐步细化 WBS，如设计阶段和编码阶段等。在开发过程中，创建一个项目的 WBS 可以有许多方法。下面介绍两种常用的方法。

1. 名词型方法

面向产品（最终交付物）结构，按子系统、功能模块进行划分，层层分解，分解到由若干个相对独立的单元为止。当估算产品本身的规模和工作量时，常用此法编制 WBS，如图 4.2 所示。

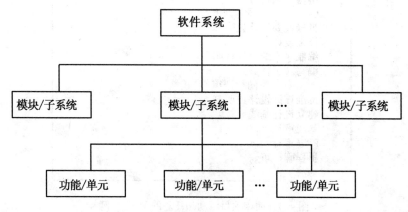

图 4.2　面相产品结构的 WBS 示例图

2. 动词型方法

面向过程活动，按完成最终交付物而必须执行的活动进行分解，层层分解，分解到每一个（由若干个任务组成）活动均可以作为相对独立的工作包进行定义时为止。当估算整个项目工作量或编制进度表时，常用此方法编制 WBS。图 4.3 是以此方法确定的一个示例。

```
......
需求管理
制订需求分析阶段工作计划
编制、完善《软件需求》
评审《软件需求》
编写《需求规格说明书》
编写（子任务）
    《同行评审规格说明书》
审批《需求规格说明书》
建立需求基线
PPQA审计
里程碑评审
项目计划
工作分解
参数估算
其他资源估算
风险识别与分析
编制《项目计划》
评审、批准项目计划
建立策划基线
PPQA审计
里程碑评审
设计
模块分解
概要设计
编制《概要设计说明书》
编写（子任务）
            同行评审
批准概要设计说明书
详细设计
编制《详细设计说明书》
编写（子任务）
            同行评审
批准详细设计说明书
建立设计基线
基线审计
PPQA审计
里程碑评审
......
```

图 4.3   面相项目活动和任务的 WBS 示例

不论采用何种方法,分解到最后的模块单元或基本活动(统称工作包),均应遵循如下约定:

(1)工作产品和活动分解的细度以可管理、可验证、可分配并相对独立为原则。

(2)一个单元工作或一项活动在 WBS 中只能出现一次。

(3)一个单元项的工作内容是下一层各个单元项工作的总和。

(4)图中连线或表中嵌套深度只表示工作或活动间的内在联系,不表示先后顺序关系。

(5)单元项工作内容尽量采用动词,例如,"编写 SRS",而不是"SRS 的编写"。

(6)如果有分承包方或介入其他相关组的活动,也应在 WBS 中得到体现,但相关的技术细节应包括在分承包方的项目开发计划中。

一个好的 WBS,每一个单元或工作包必须满足以下六个条件:

(1)状态是可以计量的;

(2)就绪、结束条件可以明确定义;

(3)有应交付的成果;

(4)便于规模和工作量的估计;

(5)完成单元任务的工期不宜太长(如不超过一个星期);

(6)单元任务的安排可以相对独立。

4.3.5 识别项目工作产品

(1)按照定义的项目开发生命周期和技术方法识别软件工作产品,确保过程和产品对应关系清晰、完整。软件工作产品包括:本项目以及相关组产生的工作产品。工作产品的范围取决于项目及由机构、机构的管理人员和客户之间达成的协议。

(2)确定各工作产品的作者、提交时间和验收准则。

(3)确定生命周期各阶段的入口标准、工作任务和出口标准,根据立项报告、项目合同等文档,确定各个阶段准确的时间范围。

4.3.6 编制其他专项计划初稿

(1)配置管理计划(初稿)——项目经理负责或指定配置管理员编写;

(2)质量保证计划(初稿)——质量保证工程师根据项目进展编写;

(3)风险管理计划(初稿)——项目经理按风险管理相关规定编写;

(4)度量分析计划(初稿)——项目经理按度量分析相关规定编写。

以上四个专项计划在本书中均会有专门的章节讲解。除此之外,常见的专项计划还可能会包含:《干系人计划》《数据管理计划》(对于数据保密性、安全性要求高的项目,或者项目规模超过 100 人月的项目,必须编写该计划,明确项目中产生所有数据的管理计划及管理活动)等。

4.3.7 形成项目开发计划书初稿

在立项报告通过或者项目合同签订后一周内(具体时间要求根据公司及项目规模的不同而不同,由各自公司 EPG 在项目计划规程里规定),项目经理负责,根据项目开发计划流程定义各项项目开发计划的内容,并按照《项目开发计划》模板,编制项目开发计划初稿,同时把其他专项计划集成到整个项目的大计划中。在项目早期开发计划初稿阶段,WBS 的内容包括第 1 级、第 2 级,计划的具体细化过程在需求规格说明书评审通过后进一步完成。

4.4 任务分解

当软件项目规模较大,需要解决的问题过于复杂时,在规划项目时就应从任务分解开始,将一个项目分解为多个工作细目或子项目,然后分别解决更小、更易管理和操作的子项目。通过任务分解,可以提高对成本、时间和资源估算的准确性。

4.4.1 任务分解的定义

任务分解是对需求的进一步细化,是最后确定项目所有任务范围的过程。通过任务分解,把主要的可交付成果分成更易于管理的单元,最终得出项目的分解结构 WBS。这样就可以将大的项目划分为几个小项目来做,将周期长的项目划分为几个明确的阶段。

项目越大对项目组的管理人员和开发人员的要求就越高,参与的人员也随之增加,需要协调沟通的渠道也增多,同时在较长的周期下,开发人员也容易疲劳。将大项目拆分成几个小项目,不仅降低了对管理人员的要求,减少了项目风险,而且也能够充分调动人员的积极性,明确目标,更容易取得阶段性成果,增强成就感。

通过任务分解得到的分解结构每细分一个层次就表示对项目元素更细致的描述,如图4.4 所示 WBS 的建立对项目来说意义重大,它使得原来模糊不清的项目目标变得清晰,明确项目管理依据。如果没有一个完善的 WBS 或者范围定义不明确,就不可避免会出现变更,造成返工、延长工期及影响团队士气等一系列后果。

图 4.4 任务分解示例

制订一个好的 WBS 的指导思想是想确定项目成果框架,然后每层下面再进行工作分解,逐层深入。这种方式可以结合进度进行划分,时间感强,易于在评审中发现遗漏和问题,也更易于大多数人理解。

通常,WBS 中的每个具体细目都会指定一个唯一的编码,其编码设计与结构设计应该一一对应,这有助于有效控制整个项目。图 4.5 确定了 WBS 编码的任务分解图示。

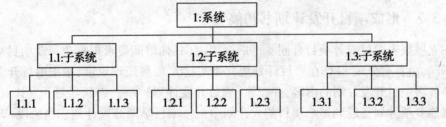

图 4.5 有编码的 WBS

任务分解的类型主要有以下两种:

(1)清单类型,就是将任务分解的结果以清单的表述形式进行层层分解。

(2)图表类型,就是进行任务分解时采用图表的形式进行层层分解。

进行任务分解应该采取一定的步骤,并且在分解过程中保持唯一的分解标准。一般来说,进行任务分解的基本步骤是:

(1)确认并分解项目的主要组成要素。

(2)确定统一的分解标准,按照项目实施的管理方法进行分解。

（3）确认分解是否详细，是否可以作为成本和时间估计的标准，明确责任。

（4）确定项目交付成果。交付成果是有衡量标准的，以此检查交付结果。

（5）验证分解正确性。验证分解正确后，建立一套编号系统。

需强调的是，进行任务分解的标准应统一，不能用双重标准，避免因标准不同而导致的混乱。分解标准可以采用以生存期为标准、以功能组成为标准或者其他标准等。

4.4.2　任务分解的方法

任务分解的方法很多，常用的有模板参照法、类比、自顶向下和自底向上等方法。

1. 模板参照法

模板参照法可以参照相应领域的标准或者半标准的 WBS，以它们作为模板参考使用。某些企业自己有一些 WBS 分解的指导和说明，项目人员可以通过评估相应的信息，结合项目的特点来开发项目的 WBS。图 4.6 给出了某些软件企业进行项目分解的 WBS 模板。

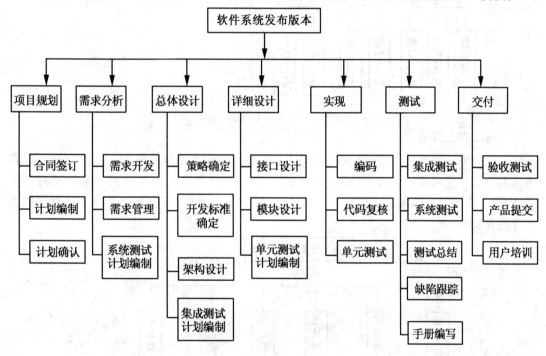

图 4.6　软件企业 WBS 模板

2. 类比方法

项目是唯一的，但是项目间在某些程序上是具有相似性的。可以选择一些类似的项目作为参考开发 WBS。也有一些企业保存一些项目的 WBS 库和一些项目文档以便其他项目参照使用。

3. 自顶向下方法

自顶向下方法采用的是演绎推理方法，从项目的大局着手，然后逐步分解子细目，将项目变为更细更完善的组成部分。使用该方法要先确定每一个解决方案，然后将该方案划分成为能够实际执行的若干步骤。如图 4.7 所示，它给出"变化计数器"系统采用自顶向下方法分解图示。在生活中,人们也在不自觉地应用自顶向下的工作方法。例如,当你决定要购买一台计算机时,你需要确定买哪种类型,是台式还是笔记本?然后决定要买的价位是多少,什么颜色,何种配置?这种思维过程就是一个从主要问题向具体问题细化的过程。通常,如果 WBS 开发人员对项目比较熟悉或者对项目大局有把握,可以参用自顶向下的方法。

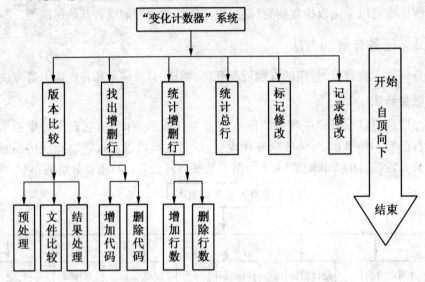

图 4.7　自顶向下方法示例

4. 自底向上方法

自顶向下方法是从一般到特殊的方向进行,而自底向上是从特殊向一般方向进行。自底向上方法首先定义项目的一些特定任务,然后将这些任务组织起来,形成更高级别的 WBS 层,如图 4.8 所示。如果对于项目人员来说,接到一个新项目,一般可以考虑采用自底向上的方法开发 WBS。

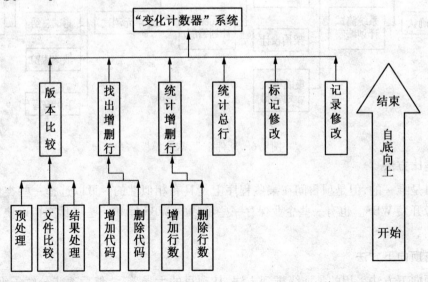

图 4.8　自底向上方法示例

4.4.3 任务分解结果的检验

任务分解后,要从以下几方面来核实分解的正确性:

(1)明确并识别项目的各主要组成部分及项目的主要交付成果。验证如下问题是否得到解答:实现项目目标需要完成哪些主要工作? 建立更低层次的细目是否有必要? 如果没必要或不充分,这个组成要素就要进行修改。

(2)确定每个可交付成果的详细程度是否达到了足以编制恰当的成本和历时估算。

(3)确定可交付成果的组成元素。组成元素应用切实的、可验证的结果来描述,以便进行绩效测量。这一步要解决的问题是要完成上述组成部门,具体工作需要做哪些? 每个细目都定义明确而完整么? 如果不是,需要重新修正或扩充。

(4)核实分解的正确性还要明确如下问题:

①最底层项对项目分解来说是否是必须而且充分的? 如不是,则必须修改组成元素。

②每项的定义是否清晰完整? 如果不完整,则需要扩展或修改描述。

③每项是否都能够恰当地编制进度和预算? 是否将其分配到能够圆满完成任务的部门或个人? 如果不能,则需要作必要的修改,便于提供合适的管理控制。

(5)最后与相关人员对 WBS 结果进行评审。

4.5 进度估算的基本方法

一般的说,项目的初期要对项目的规模、成本和进度进行估算,它们基本上是同时进行的。进度是对执行的活动和里程碑制订的工作计划日期表,它是跟踪和沟通项目进展状态的依据,也是跟踪变更对项目影响的依据。进度估算是从时间的角度对项目进行规划,按时完成项目是对项目经理最大的挑战。作为项目经理,应该定义所有的项目任务,识别出关键任务,跟踪关键任务的进展,同时能够及时发现拖延任务的情况。为此,项目经理必须制订一个足够详细的进度表,以便监督项目进度并控制整个项目。

时间不同于其他资源,如果不够就无处可借。软件项目管理的主要目标就是要提高软件质量、降低成本、保证按时交付和达到顾客最大满意度。交付期是软件开发是否成功的重要判断标准,也是最为核心的时间要素。目前,软件项目的进度是企业普遍重视的项目要素,很多企业或企业的领导都将进度的考核作为一项管理指标。

4.5.1 任务定义及关联关系

任务定义是面向活动的一个过程,它涉及确认和描述一些特定的活动,这些活动的完整意味着完成了 WBS 结构中的项目细目和子细目。WBS 是面向可提交物的,每个工作包需要被划分成所需要的任务,任务定义是面向活动的(活动被称为一个具体的任务),是对 WBS 作进一步分析的结果,清楚描述完成每个具体任务或者提交应该执行的活动。

任务定义之后,需要通过分析所有的任务、项目范围说明以及里程碑等信息来确定各个任务之间的关系,对活动(任务)进行适当的顺序安排,再进一步制订切实可行的进度计划。

项目各项任务之间存在相互联系与相互依赖关系,可根据这些关系安排各项活动的先后顺序。

4.5.2 进度管理图示

软件项目进度管理的图示有很多种,下面分别介绍甘特图、网络图、里程碑图和资源图等。

1. 甘特图

甘特图(Gantt Diagramming)也叫横道图、线条图,它是以横线来表示每项活动的起止时间的进度计划方法。甘特图的优点是简单、明了、直观,易于编制,是目前项目中最常用的进度编制工具。但是,甘特图能看到每项活动的开始和结束时间,但是各项活动之间的关系却无法直观表现出来,同时也没有指出影响项目生命周期的关键所在,因此对于复杂项目,甘特图就显得不足以适应。

甘特图有两种表示方法,这两种方法都是将任务(工作)分解结构中的任务排列在垂直轴,水平轴表示时间。一种是棒状图(Bar Chart),如图4.9所示,用空心棒状图表示计划起止时间,实心棒状图表示实际起止时间。另一种是表示方式是用三角形表示特定日期,如图4.10所示,方向向上的三角形表示开始时间,向下的三角形表示结束时间,计划时间用空心三角形表示,实际时间用实心三角形表示。

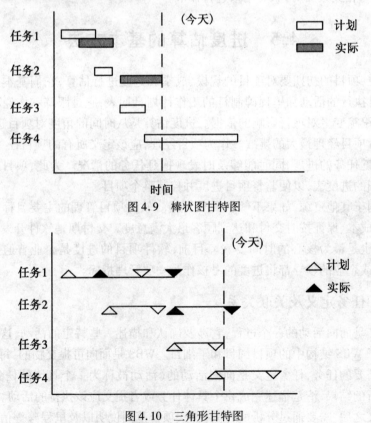

图4.9 棒状图甘特图

图4.10 三角形甘特图

2. 网络图

网络图(Network Diagramming)是活动排序的一个输出,展示了项目中的各个活动以及活动之间的逻辑关系,表明项目任务将如何进行和以什么顺序进行。

常用的网络图有 PDM 网络图和 ADM 网络图。

（1）PDM 网络图。PDM（Precedence Diagramming Method）网络图也称为优先图法或者单代号网络图。该网络图用节点表示任务（活动），用箭线表示各任务（活动）之间的逻辑关系，如图 4.11 所示，活动 1 是活动 3 的前置任务，活动 3 是活动 1 的后置任务。图 4.12 所示是一个软件项目的 PDM 网络图实例。

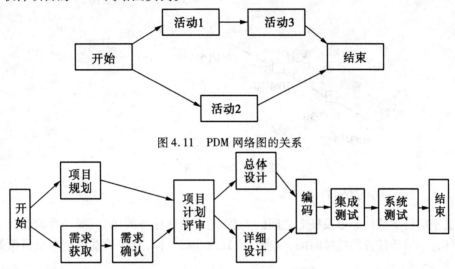

图 4.11　PDM 网络图的关系

图 4.12　软件项目的 PDM 图

（2）ADM 网络图。ADM（Arrow Diagramming Method）网络图也称为双代号网络图，用箭线表示活动（任务），节点表示前一个任务的结束，同时也表示后一个任务的开始。图 4.12 中项目的 ADM 网络图可用图 4.13 表示。可以看出，这里的双代号表示网络图中两个代号唯一确定一个任务，例如，代号 1 和代号 3 确定"项目规划"任务，代号 3 和代号 4 确定"项目评审"任务。

在 ADM 网络图中，有时为了表示逻辑关系，需要设置一个虚活动，虚活动是不需要时间和资源的，一般用虚箭线表示。图 4.13 中代号 6 和代号 5 之间的虚线就代表一个虚活动。

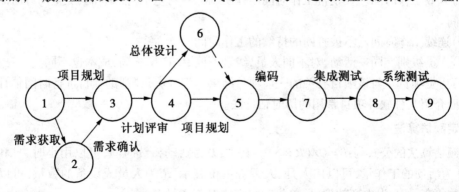

图 4.13　软件项目的 ADM 图

3. 里程碑图

里程碑图是由一系列的里程碑事件组成的，显示项目进展中的重大工作已完成。里程碑不同于活动，是因为活动需要消耗资源并且需要花时间来完成，而里程碑仅仅表示事件的标记,不消耗资源和时间。图4.14是一个项目的里程碑图,设计在 2010 – 4 – 10 完成,测试在 2010 – 5 – 30 完成。

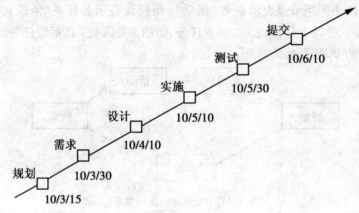

图 4.14   里程碑图

4.5.3   任务历时估计

定义了项目中的任务以及任务之间的关系,还要估计任务的历时,即花费的时间。任务历时估计是指估计任务的持续时间,是项目计划的基础工作,直接关系到整个项目所需的总时间。

一般的,在历时估计时,应考虑如下几个方面:

(1)实际工作时间。要充分考虑正常的工作时间,去掉节假日,如一周工作几天,一天工作几个小时。

(2)项目参加人员。一般规划项目是,应该按照人员完成时间的考虑,如多少人月,多少人天等。任务的历时通常也跟相关资源的数量有关,因此要考虑到资源需求、资源质量和历时资料等。

(3)生产率。根据技术人员的技能考虑完成软件项目的生产率。

(4)有效工作时间。在正常工作时间内,除去聊天、打电话、抽烟和去卫生间等时间后的有效时间。

(5)连续工作时间。不被打断的持续的工作时间。

(6)人员级别。同一活动,对不同人员,级别不同,生产率不同,成本也不同。

(7)历史项目。与该项目有关的先前项目结果的记录,可以帮助项目进行时间估计。

下面介绍几种软件项目常用的历时估计法。

1. 定额估算法

定额估算法的公式为 $T = Q/(R \times S)$。其中:T 为活动持续时间,可以用小时、日和周等表示;Q 为活动的工作量,可以用人月、人天等单位表示;R 为人员或设备的数量,可以用人或设备数等表示;S 为生产效率,用单位时间完成的工作量表示。

此方法比较简单,容易计算。比较适合规模较小的项目,比如说小于 10000LOC 或者说小于 6 个月的项目。它的局限性在于没有考虑任务之间的关系。

例如:一个软件项目的规模估算是 $Q = 12$ 人月,如果有 4 个开发人员即 $R = 4$ 人,而每个开发人员的开发效率是 $S = 1.5$,$T = 12/(4 \times 1.5) = 2$ 月,即这个项目需要 2 个月完成;如果

$S=3$，则时间进度估算结果是 $T=12/(4\times3)=1$ 月，即这个项目需要 1 个月完成。

2. 经验导出模型

经验导出模型是根据大量项目数据统计而得出的模型，即 $D=a\times E^b$。其中 D 表示月进度；E 表示人月工作量；a 是 2~4 之间的参数；b 为 1/3 左右的参数，它们是依赖于项目自然属性的参数。

例如，Walston – Felix 的模型为 $D=2.4\times E^{0.35}$；基本 COCOMO 的模型为 $D=2.5\times E^b$，其中 b 是 0.32~0.38 之间的参数。

经验导出模型可以根据项目的具体情况选择合适的参数。例如，项目的规模估计 $E=65$ 人月，采用基本 COCOMO 模型估算进度，参数 $a=3$，$b=\dfrac{1}{3}$，则 $D=2.5\times65^{\frac{1}{3}}=12$ 月，即 65 人月的软件规模，估计需要 12 个月完成。

3. 关键路径法估计（CPM）

该方法根据网络图逻辑关系进行单一的历时估算，计算每个活动的最早及最晚开始和结束时间和然后计算网络图中的最长路径，以便确定项目的完成时间。

4. 工程评估评审技术（PERT）

该方法利用网络图的逻辑关系，根据三个时间即最乐观时间、最悲观时间和最可能时间加权历时估算来计算项目的历时。该方法可以估算项目在某个时间内完成的概率。

PERT 方法采用加权平均的算法是 $(O+4M+P)/6$。其中，O 是项目完成的最小估算值，也称为最乐观值（Optimistic Time）；P 是项目完成的最大估算值，也称为最悲观值（Pessimistic Time）；M 是项目完成的最大可能估算值（Most Likely Time）。

一个路径上的所有活动（任务）的历时估计之和便是这个路径的历时估计，其值称为路径长度。用 PERT 方法估计历时存在一定的风险，因此，有必要进一步给出风险分析结果，这里引入了标准差和方差的概念。

标准差：

$$\delta=(P-O)/6$$

方差：

$$\delta^2=\left[(P-O)/6^2\right]$$

在估计网络图中一条路径的历时情况时，如果一个路径中每个活动的 PERT 历时估计为 $E_1,E_2,\cdots,E_n$，标准差分别为 $\delta_1,\delta_2,\cdots,\delta_n$，则这个路径的历时、标准差、方差分别为：

$$E=E_1+E_2+\cdots+E_n$$
$$\delta^2=(\delta_1)^2+(\delta_2)^2+\cdots+(\delta_n)^2$$
$$\delta=\left[(\delta_1)^2+(\delta_2)^2+\cdots+(\delta_n)^2\right]^{1/2}$$

根据概率理论，对于遵循正态概率分布的均值 E 而言，$E\pm1\delta$ 的概率分布是 68.3%，$E\pm2\delta$ 的概率分布是 95.5%，$E\pm3\delta$ 的概率分布是 99.7%，如图 4.15 所示。

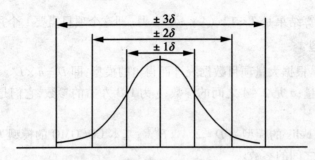

图 4.15   正态概率分布

例如,如图 4.16 所示,估算整个项目的历时,项目在 14.57 天内完成的概率是多少?

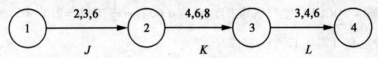

图 4.16   ADM 网络图

计算项目总历时、标准差、方差如表 4.1 所示。

表 4.1   计算项目总历时、标准差、方差

活动 \ 项	O,M,P	E	δ	δ^2
J	2,3,6	3.33	4/6	16/36
K	4,6,8	6	4/6	16/36
L	3,4,6	4.17	3/6	9/36
估计项目总历时		13.5	1.067	41/36

其概率计算如表 4.2 所示。

表 4.2   概率计算

平均历时:$E = 13.5, \delta = 1.07$

范围	概率	从	到
$E \pm 1\delta$	68.3%	12.4	14.6
$E \pm 2\delta$	96.5%	11.4	15.6
$E \pm 3\delta$	99.7%	10.3	16.7

结论:整个项目在均值 13.5 天完成的概率为 50%,而 14.57 = 13.5 + 1.06,即 $E \pm 1\delta$,所以项目在 14.57 天内完成的概率是 50% + (68.3%/2) = 84.15%。

5. 基于承诺的进度估算

基于承诺的进度估算方法是从需求出发去安排进度,不进行中间的工作量(规模)估计,通过开发人员作出的进度承诺而进行的进度估计,它本质上不是进度估算。

其优点:有利于开发者对进度的关注,有利于开发者在接受承诺之后的士气高昂。

其缺点:开发人员估计得比较乐观;易于产生较大的估算误差。

6. Jones 的一阶估算准则

Jones 的一阶估算准则是根据项目功能点的总和,从幂次表(表 4.3)中选择合适的幂次将它升幂。

表4.3　一阶幂次表

软件类型	最优级	平均	最差级
系统软件	0.43	0.45	0.48
商业软件	0.41	0.43	0.46
封装商品软件	0.39	0.42	0.45

例如,如果一个软件项目的功能点是 FP = 350,而且承担这个项目是平均水平的商业软件公司,则粗略的进度估算 = 350exp(0.43) = 12 月。

4.6　编制进度计划

4.6.1　关键路径法

关键路径法是一种数学分析方法,根据指定的网络图逻辑关系和单一的历时估算,计算每一个活动的单一的、确定的最早和最迟开始和完成日期,然后计算网络中的最长路径,以便确定项目的完成时间估计。

每个活动如图4.17所示,常用的基本术语如下:

最早开始时间(Early Start):指一个任务(活动)最早可以开始执行的时间;

最晚开始时间(Late Start):指一个任务(活动)最晚可以开始执行的时间;

最早完成时间(Early Finish):指一个任务(活动)最早可以完成的时间;

最晚完成时间(Late Finish):指一个任务(活动)最晚可以完成的时间;

自由浮动(Free Float):在不影响后置任务(活动)最早开始时间本活动可以延迟的时间;

总浮动(Total Float):在不影响项目最早完成时间本任务(活动)可以延迟的时间。

超前(Lead):表示两个任务(活动)的逻辑关系所允许的提前后置任务(活动)的时间,它是网络图中活动间的固定可提前时间。

滞后(Lag):表示两个任务(活动)的逻辑关系所允许的推迟后置任务(活动)的时间,是网络图中活动间的固定等待时间。

关键路径:是决定项目完成的最短时间。它是时间浮动为 0(Float = 0) 的路径,网络图中最长的路径,关键路径上的任何任务都是关键任务。它关键路径上的任何活动延迟,都会导致整个项目完成时间的延迟。

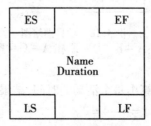

图4.17　活动图示

为了能够确定项目路径中各个任务的最早开始时间、最早完成时间和最晚开始时间、最晚完成时间,可以采用正推法和逆推法来确定,下面分别讲解。

1. 正推法

按照时间顺序计算最早开始时间和最早完成时间的方法,称为正推法。执行步骤如下:

(1)首先建立项目的开始时间。

(2)项目的开始时间是网络图中第一个活动的最早开始时间。

(3)从左到右,从上到下进行任务编排。

(4)当一个任务有多个前置时,选择其中最大的最早完成日期作为其后置任务的最早开始日期。

(5)公式:

$$ES + \text{Duration} = EF \qquad EF + \text{Lag} = ESs$$

2. 逆推法

按照逆时间顺序计算最晚开始时间和最晚结束时间的方法,称为逆推法。执行步骤如下:

(1)首先建立项目的结束时间。

(2)项目的结束时间是网络图中最后一个活动的最晚结束时间。

(3)从右到左,从上到下进行计算。

(4)当一个前置任务有多个后置任务时,选择其中最小最晚开始日期作为其前置任务的最晚完成日期。

(5)公式:

$$LF - \text{Duration} = LS \qquad LS - \text{Lag} = LFp$$

【例1】 一个项目网络图如图 4.18 所示,算出每个活动的 ES,EF,LS,LF,确定关键路径,并计算出活动 B 的 FF。

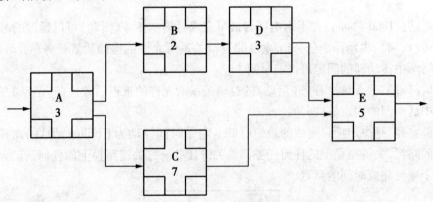

图 4.18 项目网络图

(1)该项目一共有两条路径:A – B – D – E 和 A – C – E,长度分别为 13 和 15,所以关键路径为 A – C – E。

(2)采用正推法和逆推法计算出每个活动的时间,结果如图 4.19 所示。

(3)$FF(\text{B}) = LS(\text{B}) - ES(\text{B}) = 6 - 4 = 2$。

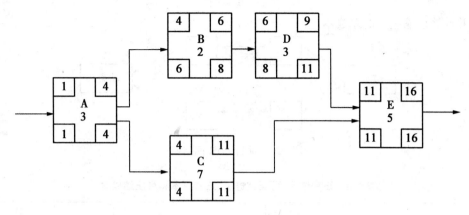

图 4.19 项目网络图

4.6.2 时间压缩法

时间压缩法是一种数学分析的方法,是在不改变项目范围的前提下(例如,满足规定的日期或满足其他计划目标),寻找缩短项目时间途径的方法。应急法和平行作业法都是时间压缩法。

1. 应急法

应急法也称赶工(Crash),赶工也称为时间 – 成本平衡方法,是权衡成本和进度间的得失关系,以决定如何用最小增量成本以达到最大量的时间压缩。应急法并不总是产生一个可行的方案且常常导致成本的增加。

一旦项目的工作方法和工具得当,可以简单地通过增加人员和加班时间来缩短进度,进行进度压缩。在进行进度压缩时存在一定的进度压缩和费用增长的关系,很多人提出不同的方法来估算进度压缩与费用增长的关系,这里介绍两种方法。

(1)时间成本平衡(Time – Cost Trade – Off)的方法。时间成本平衡方法是基于下面的假设:

①每个任务存在一个"正常"进度(Normal Time)和"可压缩"进度(Crash Time),一个"正常"成本(Normal Cost)和"可压缩"(Crash Cost)。

②通过增加资源,每个任务历时可以从"正常"的进度压缩到"可压缩"进度。

③每个任务无法在低于"可压缩"进度内完成。

④有足够需要的资源可以利用。

⑤在"正常"与"可压缩"之间,进度压缩与成本的增长成正比,单位进度压缩的成本(Costper Time Period)=(可压缩成本 – 正常成本)/(正常进度 – 可压缩进度)。

上述的线性关系方法是假设如果任务在可压缩进度内,进度压缩与成本的增长成正比的。所以可以通过计算任务的单位进度压缩成本,来计算在压缩范围之内的进度压缩时产生的压缩费用。

【例2】 图 4.20 是一个项目的 PDM 网络图,如果 A、B、C、D 任务在可压缩的范围内,进度压缩与成本增长成线性正比关系。表 4.4 分别给出了 A、B、C、D 任务的正常进度和可压缩进度,正常成本和可压缩成本。从 PDM 网络图可知:目前项目的总工期为 18 周,如果将工期分别压缩到 17 周、16 周和 15 周并且保证每个任务在可压缩的范围内,应该压缩哪些任务,并计算压缩之后的总成本?

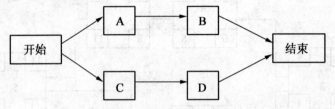

图4.20   项目 PDM 网络图

表4.4   正常进度、可压缩进度、正常成本和可压缩成本

	A	B	C	D
正常进度	7 周	9 周	10 周	8 周
正常成本	5 万	8 万	4 万	3 万
可压缩进度	5 周	6 周	9 周	6 周
可压缩成本	6.2 万	11 万	4.5 万	4.2 万

①从 PDM 网络图可以看到,有"开始→A→B→结束"和"开始→C→D→结束"两个路径,前者的长度是 16 周,后者的长度是 18 周。所以"开始→C→D→结束"是关键路径。即项目完成的最短时间是 18 周。

②如果将工期分别压缩到 17 周、16 周和 15 周并且保证每个任务都在可压缩的范围内,必须满足两个前提:A、B、C、D 任务必须在可压缩的范围内;保证压缩之后的成本最小。

根据表4.4 计算 A、B、C、D 任务单位进度压缩的成本,如表4.5 所示。

表4.5   每个任务的单位进度压缩成本

任务 单位压缩成本	A	B	C	D
压缩成本/(万·周$^{-1}$)	0.6	1	0.5	0.6

根据上述两个条件,首先看可以压缩的任务,然后根据压缩后的情况,计算总成本最小的情况,此情况为我们选择的压缩结果,如表4.6 所示。

表4.6   压缩后的项目成本

压缩任务及成本 完成周期/周	可以压缩的任务	压缩的任务	成本计算	项目成本
18			5 +8 +4 +3	20
17	C、D	C	20 +0.5	20.5
16	C、D	D	20.5 +0.6	21.1
15	A、B、C、D	A、D	21.1 +0.6 +0.6	22.3

③如果希望总工期被压缩到 17 周,需要压缩关键路径"开始→C→D→结束",可以压缩的任务有 C 或者 D,但是根据表4.6 知道压缩任务 C 的成本最小(压缩任务 C 增加 0.5 万,压缩任务 D 增加 0.6 万),故选择压缩任务 C 一周。所以,压缩到 17 周后的总成本是 20.5 万。

④如果希望总工期压缩到 16 周,需要压缩关键路径"开始→C→D→结束",可以压缩的任务还是 C 或者 D,但是这时任务 C 在可压缩范围内是不能再压缩的,否则压缩成本会非常高,应该选择压缩任务 D 一周,所以,项目压缩到 16 周后的总成本是 21.1 万。这时,项目网络图的两条路径的长度都是 16 周,即有两条关键路径。

⑤如果希望总工期压缩到 15 周,应该压缩两条关键路径,即"开始→A→B→结束"和"开始→C→D→结束"两条路径都需要压缩,在 A、B 任务中应该选择压缩任务 A 一周(压缩任务 A 一周增加 0.6 万成本,压缩任务 B 一周增加 1 万成本),在 C、D 中选择压缩 D 一周(这样的压缩成本是最低的),所以,项目压缩的 15 周后的总成本是 22.3 万。

(2)进度压缩因子方法。进度压缩与费用的上涨不是总能呈现正比的关系,当进度被压缩到"正常"范围之外,工作量就会急剧增加,费用就会迅速上涨。而且,软件项目存在一个可能的最短进度,这个最短进度是不能突破的,如图 4.21 所示。在某些时候,增加更多的软件开发人员会减慢开发速度而不是加快速度。例如,一个人 5 天写 1 000 行程序,5 个人 1 天不一定写 1 000 行程序,40 个人 1 小时不一定写 1 000 行程序。增加人员会存在更多的交流和管理的时间。软件项目中存在的这个最短的进度点,不论怎样努力工作,无论怎样聪明工作,怎样寻求创造性的解决办法;也无论你组织多大的团队,都不能突破这个最短的进度点。

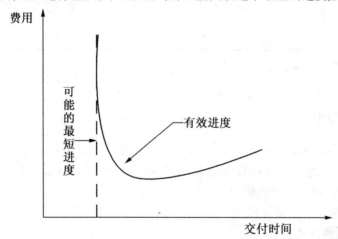

图 4.21　进度与费用的关系图

进度压缩因子方法是由著名的 Charles Symons 提出来的,而且被认为是精确度比较高的一种方法。它的公式为:

$$进度压缩因子 = 期望进度/估算进度$$

$$压缩进度的工作量 = 估算工作量/进度压缩因子$$

这个方法首先是估算初始的工作量和初始的进度,然后将估算与期望的进度相结合,计算进度压缩因子,以及压缩进度的工作量。例如,项目的初始估算进度是 12 个月,初始估算工作量 78 人月。如果期望压缩到 10 个月,则进度压缩因子 = 10/12 = 0.83,压缩进度后的工作量 = 78/0.83 = 94(人月),即压缩进度增加的工作量是 16 人月。也就是说进度缩短 17%,增加 21% 的工作量。

很多的研究表明:进度压缩因子不应该小于 0.75。

2. 平行作业法

平行作业法也称为快速跟进(Fast Tracking),是平行地活动,这些活动通常要按前后顺序进行(例如,在设计完成前,就开始软件程序的编写)。如图4.22所示,在正常情况下,15天内需求设计完成。但是,如果需要设计在第12天内完成,就需要对项目的历时进行压缩。有两种压缩方法,一种是应急法,不改变任务之间的逻辑关系,将需求压缩到8天,设计压缩到4天,这样需求设计可以在12天内完成。也可以采用另外的方法,即在需求还没有完成前3天就开始设计,相当于需求任务与设计任务并行工作一段时间,或者说需求与设计任务之间的lead=3,它解决任务的搭接。这样就压缩了项目的时间。但是,平行作业常导致返工和增加风险。

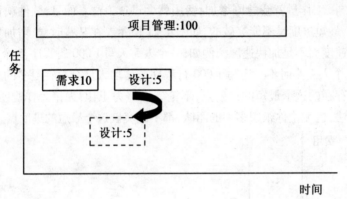

图4.22   任务之间的快速跟进

4.6.3 资源平衡法

资源平衡(Resource Leveling)方法是通过调整任务的时间来协调资源的冲突。这种方法的主要目的是形成稳定连续的资源需求,最有效地利用资源,使资源闲置的时间最小化,同时,尽量避免超出资源供给的能力。

资源平衡法的工作步骤如下:

(1)活动之间的技术约束。

(2)资源约束分析。

(3)资源平衡分析。

关键路径法通常可以产生一个初始进度计划,而实施这个计划需要的资源可能比人们实际拥有的资源多。资源平衡法可在资源有约束条件下制订一个进度计划。

例如,在图4.23中,A、B、C三个任务,A需要2天2个开发人员完成,B需要5天4个开发人员完成,C需要3天2个开发人员完成。如果三个活动同时开始执行,则如图4.24所示,一共需要8个开发人员,而资源高峰在项目开始的前2天,之后就会陆续有人出现空闲状态,这样的资源利用不合理。如果A任务利用浮动,使用它的最晚开始时间,即A任务完成之后C任务再开始,如图4.25所示,从项目开始到结束,一共需要6个开发人员,项目需要的时间5天不变,但是资源利用率提高了,这就是利用资源平衡法解决问题的例子。

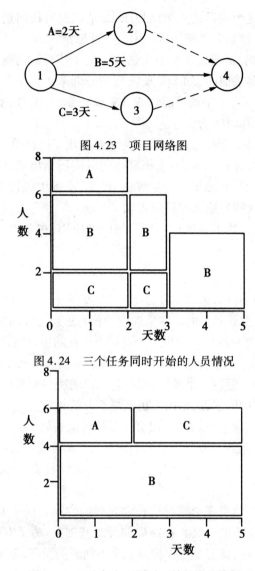

图 4.23　项目网络图

图 4.24　三个任务同时开始的人员情况

图 4.25　三个任务不同时开始的人员情况

4.6.4　关键链法

关键链项目管理(Critical Chain Project Management,CCPM)自提出以来,在各企业中引起了广泛的反响。它被认为是项目管理领域自发明关键路径法(CPM)和工程评估评审技术(PERT)以来最重要的进展之一,已经成为近年来项目管理领域理论研究的一个热点。

关键链法的思路是怎样把人们的工作习惯考虑到管理工作中去,在项目估算和项目管理中因地制宜地提高项目的绩效。关键链法和关键路径法的区别是:关键路径法是工作安排尽早开始,尽可能提前。而关键链法是工作安排尽可能推迟。关键链法的提出主要是基于两个方法的考虑:

(1)如果一项工作尽早开始往往存在着一定的松弛量、浮动时间和安全富余量,那么这项工作的完成往往被推迟到它最后所允许的那一天为止。这一期间整个工作就没有充分发挥它的效率,造成了人力、物力的浪费。如果按最迟的时间开始作安排,没有浮动和安全富余量,就无形当中对从事这个项目的人员施加压力,他们没有任何选择余地,只有尽可能努力地按时完成既定任务。这是关键链法所采用的一种思路。

(2)在进行项目估算时,需要设法把个人估算中的一些隐藏的富余量剔除。经验表明,人们在进行估算时,往往是按照能够100%所需要的时间来进行估算。在这种情况下,如果按照50%的可能性,人们只有一半的可能性能够完成任务,有50%的可能性又要延期,这样就大大缩短人们原来对工作时间的估算。

按照平均规律,把项目中所有的任务都按照50%的规律进行项目的时间估算,结果会使项目整个估算时间总体压缩了50%,如果把富余的时间压缩出来,作为一个统一的安全备用,作为项目管理的一个公共资源统一调度、统一使用,使备用的资源有效运用到真正需要它的地方,这样就可以大大缩短原来项目的工期。

关键链项目管理方法是约束理论在项目管理中的应用,在介绍关键链法之前先介绍一下约束理论。

1. 约束理论

约束理论(Theory of Constraints,TOC)是由 Goldratt 博士于 20 世纪 80 年代中期在最优化生产技术(OPT)基础上发展起来的。约束理论的核心思想可以归纳为两点:

(1)所有现实系统都存在约束。如果一个系统不存在约束,就可以无限提高产出或降低成本,而这显然是不实际的。因此,任何妨碍系统进一步提升生产率的因素,就构成了一个约束。约束理论将一个企业看做一个系统,在企业内部的所有流程中,必然存在阻碍企业进一步降低成本和提高利润的因素,这些因素也就是企业的约束。

(2)约束的存在表明系统存在改进的机会。虽然约束妨碍了系统的效率,但约束也恰恰指出了系统最需要改进的地方。一个形象的类比就是"木桶效应",一只木桶的容量取决于最短的那块木板,而不是最长的木板。因此,对约束因素的投资,才是最有效的改进系统效率的方法。

与其他管理理念不同,约束理论将制约企业发展的约束看做企业突破现状不断取得改进的关键,因此约束具有正面的意义。在这样的理念基础上,为了有效提升系统的效率,约束理论提出了五大关键步骤,这五个步骤构成一个不间断的循环,帮助系统实现持续改进:

(1)找出系统中的约束因素;

(2)决定如何挖掘约束因素的潜力;

(3)使系统中所有其他工作服从于第二步的决策;

(4)提升约束因素的能力;

(5)若该约束已经转化为非约束性因素,则回到第一步,否则回到第二步,要注意不要让思维惯性成为新的主要约束因素。

约束理论在项目管理,尤其是项目进度管理上的应用,导致了关键链项目管理方法的产生。

2. 关键链法

以项目管理为中心是企业提升核心竞争力的有效手段,但目前我国项目管理水平与发达国家存在较大差距,项目失败的比例很高。鉴于关键链法在国外企业实践中取得的巨大成功,可预期该方法在我国的推广应用将有助于提高我国的项目管理水平、提升企业竞争力。

如果将一个项目看做一个系统,那么应用约束理论的第一步,就是要确定项目的约束。从 CPM 和 PERT 开始,项目中的关键路径就被看做项目管理的基础。但是,关键路径法主要是分析前置后置关系,并不考虑项目实际能调动的资源是有限的,因此关键路径法被广泛批评的一点就是其进度通常不具有可行性,而是需要进行后续调整。与关键路径不同,关键链不仅考虑项目中各任务的前置后置关系,也要充分考虑项目中存在的资源约束。如图 4.26 所示,在关键路径方法中,任务 A、D、E、F 组成了项目的关键路径,但如果考虑资源限制,假设任务 C 和任务 E 需要同一种资源。例如,需要同一台机器进行开发,而该机器一次只能执行一项作业,那么事实上任务 C 和任务 E 是不能同时进行的。因此,在考虑资源约束的情况下,项目的关键任务为 A、D、E、C、F,这五个任务就构成了项目的关键链。可见,是关键链而不是关键路径,决定了项目在给定的紧前关系和资源条件下完成项目所需的最短时间。

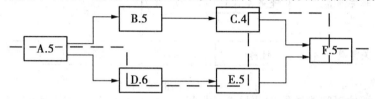

图 4.26 关键链

如果将关键链看做项目的"约束"因素,那么应用约束理论的第二步就是要考虑如何来挖掘该约束因素的潜力,即如何缩短关键链所需的时间,因为关键链所需的时间正是完成项目所需的时间。下面介绍两个术语:

(1)安全时间(Safety Time,ST)。在关键路径法中,为了保证任务能够有较高的概率在计划时间内完成,同时也由于项目组成员一般的计划时间都大于完成任务所需的平均时间,可以看做是在任务所需的平均时间上增加了一块"安全时间"。

(2)管理预留(Project Buffer,PB)。在关键链方法中,用任务所需的平均时间作为最终的计划时间,但考虑到任务内在的不确定性,在关键链的末端附加整块的安全时间,也就是项目的缓冲时间。

可以看出,在关键路径法中的安全时间,正面效果是提高了管理不确定因素的能力,负面效果则是延长了完成项目所需的时间。而关键链方法是重新配置了关键路径法中分散存在的安全时间,但这样的重新配置能够缩短项目所需的时间,因为根据概率理论,在整合安全时间后,在相同概率下,只需要较少的时间就可以完成所有任务。图 4.27 直观地说明了关键链方法在这方面的优越性。

图 4.27 关键路径方法和关键链方法在风险管理上的差异

在完成关键链的进度安排后,还需要保证所有关键链上的任务(关键任务)不受其他非关键任务的影响,以保证项目能够按计划及时完成。在现实的项目实践中,虽然采用了增加安全时间的方法,但仍然有大量的项目未能按期完成。造成项目延期的原因很多。第一,前置任务的延迟导致后续任务的延迟。第二,当存在多个前置任务时,延迟最久的任务起了决定性作用,导致项目的延迟,而提前完成的任务并不能使后续任务提前开始。第三,由于任务时间包含了安全时间,导致项目组成员在心理上觉得还有充裕的时间,结果使得任务启动过晚,同时调查还发现,项目成员总是倾向于完全消耗掉任务分配到的时间。其中第三个原因也是关键链方法采用平均时间的理由,期望推动项目组成员能够全力以赴地开展工作。而前两个原因则使关键链方法引入了非关键链缓冲时间(Feeding Buffer,FB)这一概念。

如图 4.28 所示,任务 C、D、E 组成了项目的关键链,而任务 A、B 为非关键任务。由于任务 B 是任务 E 的前置任务,为了防止任务 A 和 B 可能发生的延迟导致任务 E 不能按时开始,因此需要在任务 B 之后安排一定的缓冲时间,或者说让任务 A 和 B 有一定的提前量。这样,就可以有效地防止非关键任务对关键链产生负面影响。与项目的缓冲时间类似,非关键链缓冲时间整合与压缩了所有非关键链任务的安全时间。

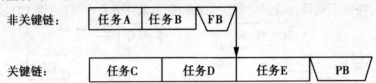

图 4.28　非关键链的缓冲时间

非关键链缓冲时间能够保护项目按计划进行,不受任务的不确定因素影响,同时还可以作为一种预警机制,非关键链缓冲时间可以保护关键链任务不受非关键链任务的影响。

关键链法有如下优点:可以提高项目的绩效;便于在项目管理中抓住重点,可以提前完成项目。

4.6.5　项目进度计划的优化

编制一个好的项目计划是一个需要不断完善的过程,经过不断的优化、评审、修改和再评审等,最后才可以确定成为基准的项目计划。刚刚编制出的项目计划如果与要求有差距,就要进行项目计划优化、调整资源并解决资源冲突。

对于进度的安排,一方面应该有适度的压力,让开发人员有紧迫感,紧张、有压力的脑力风暴可以激发好的点子。如没有紧迫感,开发人员就不会全力冲刺。另一方面,不能过分强调进度安排,影响开发人员的士气。如果过分强调进度,开发人员会过多地将焦点集中在进度上,容易忽略软件的质量。因此,应该倡导并制订一种比较人性化、合理的进度控制方式,做到适度压力但又不过分依赖进度。

一个好的项目计划的开发应该是渐进式的,可以在一定条件的限制和假设之下采用渐进明细的方式进行不断完善。例如,对于较大型的软件开发项目可以采用局部细化的方法,任务分解结构可采用多次 WBS 方法。

一般情况下,项目进度计划可以采用项目管理软件工具来协助编制,这些软件可自动进行数学计算和资源调整,可迅速地对许多方案加以考虑和选择,还可以打印显示出计划编制的结果,如 Microsoft Project 软件可用于编制计划等。

4.7　案例分析

"校务通系统"项目需求调研阶段,发现用户缺乏相关知识,他们对需求没有明确的说明,但随着项目的进展,用户的经验也会增加,自然会发现一些不合理或不完整或缺少的需求,必然会引起需求变更。为了避免不必要的需求变化,在开发"校务通系统"需求时,项目组与用户一起来确定需求规格。本项目采用原型分析法确定需求,然后根据用户确认的原型(Demo)系统编写软件需求规格,根据需求规格形成项目的最后范围计划,即 WBS 结果,最后进行计划的完善。

4.7.1　系统原型分析

根据客户的描述,本系统应该提供三个操作平台,即系统管理员平台、教师平台和学生平台。他们希望提供三个平台的统一登录界面,根据不同的角色来进入不同的平台。

(1)根据讨论形成主登录界面。

(2)如果用户以教师的角色登录界面,则进入教师平台。

其界面的内容也是开发人员与客户一同商量的结果,包括界面的风格、颜色等。同时,客户提出根据教师的不同身份和权限通过"管理功能"可以进入不同的操作界面。

(3)如果用户以学生的角色登录,则进入学生平台。

①由于本系统平台的用户是中小学生,所以客户提出界面最好活泼一些,学生平台的界面经过几番讨论之后确定。

②同时,客户希望学生可以查询到与本人相关的一些信息,所以,通过点击"信息查询"可以进入学生的操作界面。

(4)如果用户以系统管理员的角色登录,则进入系统管理员平台。

系统管理员平台主要是提供系统管理员的操作功能,包括系统的初始化、用户的设置和参数的设置等。

4.7.2　需求规格说明书

"校务通系统"需求规格说明书如下:

目　录

4.7.3　系统 WBS

根据对本项目需求规格的分析,采用图表方式进行任务分解,其分解结果如图 4.29 所示,它是按照功能组成标准进行的教师功能部分的任务分解,其中没有包括管理、质量等相关的任务,WBS 可以随着系统的完善而不断增加和完善的。

另外,F2.7(聊天室)和 F2.8(论坛)采用标准的中用技术,F2.5(资源库系统)、F2.4(教师备课系统)、F2.6(网上考试)功能已经有成熟的产品(价格明确),所以这些功能可以不用分解。

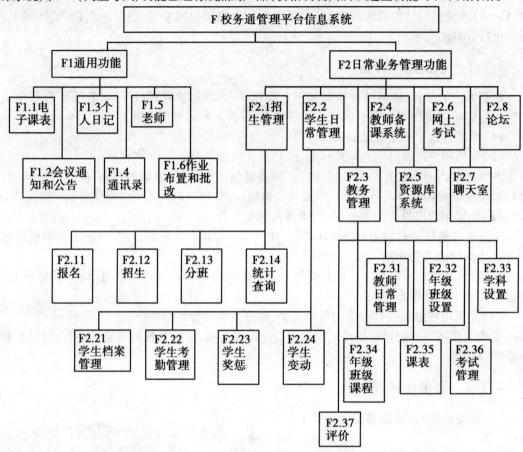

图4.29 校务通任务分解结果

Microsoft Project 也是创建 WBS 的好的工具,可以将上面创建好的 WBS 条目加到 Microsoft Project 中。

4.7.4 校务通系统项目的进度计划的完善

1. 初期项目进度计划

由于项目初期信息不足,所以初期项目计划只是一个计划表格,相当于一个大计划,简单说明计划的执行步骤,如表4.7所示。

表4.7 项目初期计划

任务	完成时间	负责人	资源	备注
需求讨论	2003 – 4 – 9	李志林	2 开始人员参与	
项目规划	2003 – 4 – 12	李志林	全体人员参与	
需求确定	2003 – 4 – 16	李志林	全体人员参与	
设计	2003 – 4 – 20	韩江	杨琴参与	
项目实施	2003 – 5 – 30	韩江	扬琴参与	有待细化
测试	2003 – 6 – 4	郭奇	开发人员参与	
提交	2003 – 6 – 5	李志林		

2. 项目计划的细化

表 4.7 是大计划,比较粗糙,不能作为指导详细工作的计划,还需要进一步细化。随着对项目了解的深入,项目计划也会逐步完善和细化的。

首先,根据 WBS 的分解情况,继续分解相应的活动(任务),使用 Microsoft Project 工具,将分解后的所有活动(任务)和 WBS 的代码录入项目计划文件中,然后确定各个活动之间的关系,由于采用增量式的生存期模型,在需求设计之后,系统的功能采用增量方式实现,实施阶段分 6 个增量,对各个任务(活动)分配相应的资源,然后经过不断的资源调整优化以及工期、活动关系的调整等,再经过多次的评审讨论,最后计划通过评审,将此计划存为基准计划。项目的基准计划如下。

(1)进度计划。细化项目进度计划。

(2)项目甘特图。绘制进度计划的甘特图。

(3)里程碑。本项目也需要里程碑计划,因为一些人员可能关注里程碑的进展,绘制里程碑图。

4.8　CMMI 对应实践

CMMI 中有两个过程域与项目计划相关,分别是项目计划过程域和集成项目管理(Integrated Project Management,IPM),共有 23 个实践与此相对应。

4.8.1　项目计划过程域

项目计划的目的是:建立并维护项目活动的计划。

项目计划的依据是:项目工作说明(《项目任务书》《立项报告》等)和需求文档(《用户需求列表》《用户需求说明书》等)。

在项目计划过程中,要完成:估算工作产品和任务的属性、确定资源需求、协商承诺、编制进度表,以及识别和分析项目风险。由此形成的项目计划书(含各类专项计划及进度表)为执行项目任务和控制项目活动提供了基础,随着需求和承诺的变更、不准确估计、纠正措施以及过程变更,项目计划也应随之修订。其相关的实践描述如下:

(1)SG 1 Establish Estimates(建立估算),目的是建立和维护项目计划有关的各项参数的估计值。

①SP 1.1 Estimate the Scope of the Project(估算项目范围)。可以通过编制顶层工作分解结构(WBS),用以估计项目范围。一般可能会形成的工作产品有:任务描述、工作包描述和 WBS 图。可以通过如下几步完成该实践:一是基于产品结构开发 WBS;二是以足够小的粒度确定工作包,以便明确描述任务、职责和进度;三是识别应从项目组外部获取的工作产品或工作产品组件;四是识别可复用的工作产品。

②SP 1.2 Establish Estimates of Work Product and Task Attributes(对工作产品及任务属性进行估算)。在此过程中通常可能会形成如下工作产品:技术方案(开发策略和整体架构,如分布式或 C/S 架构等),任务和工作产品的规模和复杂度描述,项目估算模型(项目估算表),项目属性估算表。通过如下几步完成该实践:一是确定项目的开发策略和整体架构;二是采用合适的方法,确定将被用于估计资源需求的工作产品和任务的属性(如规模、复杂度

等);三是估计工作产品和任务的属性(值);四是根据需要,估计项目所需要的人力、设备、材料和方法等。

③SP 1.3 Define Project Lifecycle(定义项目生命周期)。定义项目生命周期及其阶段划分和里程碑设置,以便按阶段分配工作量和安排进度,并在里程碑处评价计划执行情况,必要时重新调整工作量和成本分布。会形成项目生命周期阶段划分文档,作为项目开发计划书的一部分。

④SP 1.4 Determine Estimates of Effort and Cost(定义工作量及成本的估算)。基于某种采用的估算原理或方法,估计项目工作产品和任务的工作量和成本。一般会形成如下工作产品:估算原理或方法的描述文档、项目工作量估计值和项目成本估计值。可以通过如下几步完成该实践:一是选择估算模型、收集历史数据,以便将工作产品和任务的属性(规模等)转换成工作量和成本;二是估计工作量和成本时,应计入支持性基础设施(如关键计算机资源)的工作量和成本;三是使用模型和/或历史数据,估计工作量和成本。

(2)SG 2 Develop a Project Plan(开发一个项目计划),目的是建立和维护项目计划,并以此作为项目管理的基础。

①SP 2.1 Establish the Budget and Schedule(建立和维护进度及预算)。一般会形成如下工作产品:项目进度表、项目进度依赖关系文档和项目预算表。可以通过如下几步完成该实践:一是确定主要里程碑;二是确定进度假设;三是识别约束条件;四是识别任务之间的依赖关系;五是定义预算和进度;六是建立应采取纠正性措施的判别准则。

②SP 2.2 Identify Project Risks(识别项目风险)。一般会形成如下工作产品:已识别的风险列表、风险影响和发生概率和风险严重性排序。可能通过如下几步来完成该实践:一是识别风险;二是将识别出的风险写成文档;三是评审风险文档的完备性和正确性,与项目相关各方达成一致意见;四是根据需要修订风险文档。

③SP 2.3 Plan for Data Management(对数据管理进行计划)。数据可能包含多种内容,比如报告、手册、记录、图表、绘图、规格说明和文件等;也有可能以多种方式存在,比如打印的文档、图片、电子格式和多媒体等。数据有可能被发布或分发给用户及其他组,也有可能不需要分发。在此过程中,一般会形成如下工作产品:数据管理计划、被管理主要数据列表,数据内容及格式描述,给数据提供者或获取者的需求列表、保密性需求、安全性需求、安全控制规程、数据检索及发布的管理制度、项目数据收集进度表和项目数据收集列表。可以通过如下几步骤完成该实践:一是建立需求和过程以保证数据的保密性和安全性;二是建立数据存档机制,以及对存档数据访问的机制;三是确定要识别、收集和发布的项目数据。

④SP 2.4 Plan for Project Resources(对项目资源进行计划)。对开展项目必须的资源进行计划。一般会形成如下工作产品:WBS 工作包、WBS 任务字典、基于项目规模和范围的人员需求、关键设备和/或工具清单、过程/工作流程定义和框图以及事务性管理需求清单。可以通过如下几步完成该实践:一是确定开发过程中的需求;二是确定人员配备需求;三是确定设备、工具和组件需求。

⑤SP 2.5 Plan for Needed Knowledge and Skills(对所需知识及能力进行计划)。计划执行项目所需的知识和技能。一般会形成如下工作产品:技能需求清单、人员聘用计划以及技能和培训数据库。可以通过如下几步完成该实践:一是确定执行项目所需要的知识和技能;二是评估现有并可用的知识和技能;三是选择提供所需知识和技能的手段或方法(如内部培

训、外部培训和聘用新员工等);四是将选用的手段/手法纳入项目计划。

⑥SP 2.6 Plan Stakeholder Involvement(计划干系人参与)。计划已确定的项目干系人应介入的活动。一般会编制项目干系人参与计划。

⑦SP 2.7 Establish the Project Plan(建立项目计划)。建立和维护总体项目计划内容,形成总体的项目计划文档。比如,软件项目开发计划书或项目开发计划书。

(3)SG3 Obtain Commitment to the Plan(获得对计划的承诺)。建立和维护对项目计划的承诺,为了保持有效性,需要得到那些对该计划执行或支持相关人的承诺。

①SP 3.1 Review Plans That Affect the Project(评审相关项目计划)。评审影响项目的所有计划,理解项目承诺,形成项目计划的评审记录。

②SP 3.2 Reconcile Work and Resource Levels(根据可用资源调整工作计划)。调整项目计划,反映估计资源和可用资源的实际情况。一般会形成如下工作产品:被修订的方法和对应的估算参数,经重新协商的预算、已修订的进度表、已修订的需求和经重新协商的项目各相关方的约定。

③SP 3.3 Obtain Plan Commitment(获得计划承诺)。获取项目相关各方对计划中有关项目实施和支持过程中的职责所作出的承诺。一般会形成如下工作产品:承诺请求记录文档、承诺记录文档。可以通过如下几步完成该实践:一是识别必需的支持,与项目干系人协商约定;二是记录机构一级的承诺,包括正式的和临时的承诺,确保有必要的签字;三是需要时,高级管理部门审查内部承诺;四是必要时,高级管理部门审查外部承诺;五是确定项目组内部各个部分之间以及项目组与其他项目组之间以及项目组与机构内部相关部门之间对相互接口的承诺,以便于监督。

4.8.2 集成项目管理过程域

集成项目管理的目的是依据一个集成的、已定义的过程(此过程是从机构标准过程集中裁剪而得到),建立并管理项目及相关干系人的参与。其主要包含的内容有:在项目开始时,通过对机构标准过程集进行裁剪来建立本项目的定义过程(PDP);用项目定义过程来管理项目;根据机构工作环境标准建立本项目的工作环境;使用并丰富机构过程资产;在产品开发过程中,使相关干系人所关心的事均被识别、考虑并进行适当的处理;确保相关干系人以协同适时的方式执行他们的工作:一是侧重于产品和产品组件的需求、计划、目标、问题和风险;二是履行他们的承诺;三是识别、跟踪和解决相关问题。其相关的实践描述如下:

(1)SG1 Use the Project's Defined Process(使用项目已定义过程)。项目必须依照从机构标准过程集中裁剪得到的项目定义过程来执行。

①SP1.1 Establish the Project's Defined Process(建立项目定义过程)。在项目初期建立项目定义过程,并在整个生命周期中维护该过程。一般是根据如下因素来确定PDP:客户需求,产品及产品组件需求,承诺,机构过程需要及目标,机构标准过程集及裁剪指南,操作环境,商务环境等。最终产生一个项目定义过程文档。可以通过如下几步完成该实践:一是从可使用的机构过程资产中选择本项目的生命周期;二是从机构标准过程集中选择最适合本项目需要的标准过程;三是根据裁剪指南,对标准过程及其他机构过程资产进行裁剪,得到本项目的定义过程;四是适当使用机构过程资产中的其他已有历史资料,如培训资料、模板、示例文档和估算模型等;五是文档化项目已定义过程;六是对项目已定义过程进行同行评

审；七是根据需要修订项目定义过程。

②SP1.2 Use Organizational Process Assets for Planning Project Activities(使用机构过程资产计划项目活动)。使用机构过程资产和度量数据库来估算和计划项目活动。一般会形成项目估算记录和项目计划书两个文档。可以通过如下几步完成该实践：一是使用项目定义过程的任务和工作产品作为项目估算和计划项目活动的基础；二是在估算项目参数时，使用机构度量数据库，比如类似项目的历史数据等。

③SP1.3 Establish the Project's Work Environment(建立项目的工作环境)。依据机构标准工作环境来建立和维护项目工作环境。一般会形成如下工作产品：项目的设备及工具清单，项目工作环境的安装、操作和维护手册，用户调查及结果，使用、执行和维护记录，项目工作环境支持服务。可以通过如下几步完成该实践：一是计划、设计和安装项目工作环境；二是对项目工作环境提供持续维护和操作支持；三是维护项目工作环境组件的工作能力；四是定期审查工作环境以满足项目需要的能力及相互之间支持的协调性，如果发现问题，应采取适当的措施。

④SP1.4 Integrate Plans(集成计划)。集成项目计划和其他影响项目定义过程描述的计划。通过该实践形成了集成后的项目计划，可能是一份文档，也可能是多份文档。可以通过如下几点来完成该实践：一是把其他影响该项目的计划与项目计划集成，主要为，质量保证计划、配置管理计划、风险管理计划、文档计划等；二是把对项目度量指标的定义及度量活动集成到项目计划中；三是识别和分析产品及项目接口风险；四是按顺序确定重大开发因素及项目风险的进度安排；五是合并项目定义过程中执行同行评审的计划；六是在项目培训计划里合并执行项目定义过程的培训需要；七是对于批准 WBS 中任务描述的开始及终止，建立客观的准入、准出标准；八是保证项目计划与干系人计划保持适当的一致性；九是确定如何解决相关干系人之间的冲突。

⑤SP1.5 Manage the Project Using the Integrated Plans(使用集成过的计划管理项目)。使用项目计划及其他影响项目和项目定义过程的计划来管理项目。一般会产生如下工作产品：在执行项目定义过程时产生的工作产品，收集的实际度量数据、进度记录和报告及修订的需求、计划和承诺。可以通过如下几步完成该实践：一是应用机构过程资产库来实现项目定义过程，比如使用机构过程资产库里学得的经验来管理项目；二是使用项目定义过程、项目计划及其他影响项目的计划来跟踪和控制项目活动及工作产品；三是获取和分析选择的度量指标来管理项目和支持机构需要；四是定期审查，并将项目进度与机构、客户及最终使用者当前和期望的需要、目标及需求保持一致。

⑥SP1.6 Contribute to the Organizational Process Assets(为机构过程资产贡献)。把工作产品、度量和文档化的经验贡献为机构过程资产。此实践是需要在项目开发过程中进行数据收集，然后在项目总结时，把相关数据存放到机构过程资产库，所以是与第17章项目总结直接对应。一般会产生如下工作产品：机构过程资产的改进建议，从项目中收集的实际过程和产品度量数据，过程描述、计划、培训模式、检查列表和经验等之类的文档，项目中与裁剪和实现机构标准过程集相关的过程资料。

(2)SG2 Coordinate and Collaborate with Relevant Stakeholders(与相关干系人协调和合作)。

①SP2.1 Manage Stakeholder Involvement(根据项目集成和定义过程来管理干系人的参

与）。一般会产生如下工作产品：协作活动的进度安排及议程，文档化的问题（比如用户需求、产品及产品组件需求、产品架构和产品设计等的问题），解决相关干系人问题的建议。

②SP2.2 Manage Dependencies（管理相互依赖关系）。与相关的干系人共同识别、协商与追踪重要的依存关系。

③SP2.3 Resolve Coordination Issues（解决协调问题）。与相关的干系人协调解决问题。通过如下几步完成该实践：一是识别和文档化问题；二是与相关干系人交流沟通问题；三是与相关干系人解决问题；四是对于与相关干系人不能解决的问题，提交给适当级别的管理者；五是跟踪问题直至问题关闭；六是就问题的状态及解决方案与相关干系人沟通。

本章小结

本章介绍项目立项管理的基本内容，重点指出了立项管理活动的必要性及科学性，并就软件项目生存期模型进行了分类与总结。本章在相应部分给出了项目初始阶段的模板及典型案例。

思考题

1. 项目计划是根据什么制订的？
2. 什么是任务分解？任务分解的基本方法有哪些
3. 常用的网络图有哪些？
4. 如何编制项目进度计划？

第 5 章

需求开发及管理

▶▶▶▶▶▶▶▶▶▶▶▶▶▶▶▶▶▶▶▶▶▶▶▶

学习目标:需求在整个软件开发与维护过程中越来越重要,贯穿于系统开发的整个生命周期。需求管理过程保证软件需求以一种技术形式描述一个产品应该具有的功能、性能和性质。通过本章的学习,应能掌握需求管理的过程,并熟练掌握需求获取、分析、评审、管理等知识,最终生成项目的《用户需求说明书》和《软件需求规格说明书》。

5.1 需求开发及管理流程

在 IEEE 软件工程的标准词汇表(1997 年)中对"软件需求"的定义是:

(1)用户解决问题或达到目标所需的条件或能力(Capability)。

(2)系统或系统部件要满足合同、标准、规范或其他正式规定文档所需具有的条件或能力。

(3)一种反映上面(1)或(2)所描述的条件或能力的文档说明。

需求工程是随着计算机的发展而发展的。在计算机发展的初期,软件规模不大,软件开发所关注的是代码编写,需求分析很少受到重视。后来软件开发引入了生命周期的概念,需求分析成为其第一阶段。随着软件系统规模的扩大,需求分析与定义在整个软件开发与维护过程中越来越重要,直接关系到软件的成功与否。人们逐渐认识到需求分析活动不再仅限于软件开发的最初阶段,它贯穿于系统开发的整个生命周期。

需求管理过程是保证软件需求以一种技术形式描述一个产品应该具有的功能、性能和性质等。需求管理的过程从需求获取开始贯穿于整个项目生命周期,力图实现最终产品同需求的最佳结合。

需求开发及管理的目的是在获得正确的用户需求的基础上,经过分析和定义,最终生成项目的《用户需求说明书》和《软件需求规格说明书》。同时借助需求管理寻求客户与开发方之间对需求的共同理解,控制需求的变更,维护需求与后续工作产品之间的一致性。

需求开发及管理流程主要分为四个阶段:

(1)准备阶段。在项目初步计划书里明确需求收集及分析的进度安排及人员安排。

(2)需求收集阶段。立项阶段用户需求收集不充分或有不明确之处,继续进行用户需求收集,并转化为产品需求。

(3)需求分析阶段。对用户需求列表或用户需求说明书中的需求进行分析,给出详细的软件需求规格说明书。

(4)需求管理。评审通过的软件需求规格说明书,纳入基线,严格执行需求变更管理,对需求跟踪矩阵进行管理,要保证需求的双向跟踪。

5.2　需求管理的过程

5.2.1　需求获取

需求获取是需求工程的主体。对于所建议的软件产品,获取需求是一个确定和理解不同用户类的需要和限制的过程。获取用户需求位于软件需求三个层次的中间一层。业务需求决定用户需求,它描述了用户利用系统需要完成的任务。在这些任务中,分析者能获得用于描述系统活动的特定的软件功能需求,这些系统活动有助于用户执行他们的任务。

1. 常见的需求来源

(1)访问并与有潜力的用户探讨;

(2)把对目前的或竞争产品的描述写成文档;

(3)用户招标文件;

(4)对当前系统的问题报告和增强要求;

(5)市场调查和用户问卷调查;

(6)观察正在工作的用户;

(7)用户任务的内容分析,如开发具体的情节或活动顺序,确定用户利用系统需要完成任务,由此可以获得用户用于处理任务的必要功能需求。

2. 需求获取活动

(1)了解客户方的所有用户类型以及潜在的类型。

(2)对用户进行访谈和调研。交流的方式可以是会议、电话、电子邮件、小组讨论和模拟演示等形式。

(3)需求分析人员对收集到的用户需求作进一步的分析整理。例如,对用户提出的每个需求都要知道"为什么",并判断用户提出的需求是否有充足的理由,将那种以"如何实现"的表达方式转换为"实现什么"的方式,分析由用户需求衍生出的隐含需求。

(4)需求分析人员将调研的户需求以适当的方式呈交给用户方和开发方的相关人员。

5.2.2　需求分析

需求分析是开发人员对系统需要做什么的定义过程。需求分析的任务就是借助当前系统的逻辑模型导出目标系统的逻辑模型,解决目标系统的"做什么"的问题。这个过程是个循序渐进的过程,一次性对系统形成完整的认识是困难的,只有不断地和客户领域专家进行次序确认,才能逐步明了用户的需求。系统需求分析时犯下的错误,会在接下来的阶段被成倍地放大,越是在开发的后期,纠正分析时犯下的错误所花费的代价越是昂贵,也越发影响系统的工期和系统的质量。

分析用户需求应该执行以下活动:

(1)以图形表示的方法描述系统的整体结构,包括系统的边界与接口。

(2)通过原型、页面流或其他方式向用户提供可视化界面,用户可以对需求做出自己的评价。

（3）以模型描述系统的功能项、数据实体、外部实体、实体之间的关系、实体之间的状态转换等方面的内容。

需求分析的基本策略采用脑力风暴、专家评审、焦点会议组等方式进行具体流程细化、数据项的确认，必要时可以提供原型系统和明确的业务流程报告、数据项表，并能清晰地向用户描述系统的业务设计目标。用户方面可以通过审查业务流程报告、数据项以及操作开发方提供的原型系统来提出反馈意见，并对可接受的文档、报告签字确认。

5.2.3　需求评审

对软件产品的评审有两类方式：一类是正式技术评审，也称同行评审；另一类是非正式技术评审。对于任何重要的工作产品，都应该至少执行一次正式技术评审。在进行正式评审前，需要有人员对其要进行评审的工作产品进行把关，确认其是否具备进入评审的初步条件。

需求评审的规程与其他重要工作产品（如系统设计文档、源代码等）的评审规程非常相似，主要区别在于评审人员的组成不同。前者由开发方和客户方的代表共同组成，而后者通常来源于开发方内部。评判需求优劣的主要指标有：正确性、清晰性、无二义性、一致性、必要性、完整性、可实现性、可验证性及可测性。如果有可能，最好制订评审的检查表。

需求分析报告形成以后，还需要组织对需求的评审，以达成项目干系人对需求的一致认可。这一过程可包括以下几方面：

（1）制订评审计划。制订评审的工作计划，确定评审小组成员，准备评审资料。

（2）需求预审查。评审小组成员对需求文档进行预审。

（3）召开评审会议。召开评审会议，对需求规格书进行评审。

（4）调整需求文档。根据评审发现的问题，对需求进行重新分析和调整。

（5）重审需求文档。针对评审会议提出的问题，对调整后的需求文档进行重新审查。

5.2.4　需求管理

需求变更是软件项目一个突出的特点，也是软件项目最为普遍的一个特点。在软件开发过程中需求的变更给开发带来了不确定性，所以必须接受"需求会变动"这个事实，做好需求变更的管理工作。

1. 需求变更控制

需求变更控制的内容：建立项目级的 CCB 管理需求变更；软件需求基线的变更应受控制；保持项目计划及其他项目产品与需求一致；变更产生的影响应通知相关人员；由于需求引起的所有变更过程都应受到追踪直至关闭。

变更步骤：

①变更提出者填写《需求变更申请表》说明变更内容、变更影响范围；

②提交 CCB 审批，必要时召开变更评审会议；对于不影响需求基线的小范围变更，可以由项目经理审批；

③变更完成后，由验证人和质量保证工程师跟踪验证变更引起相关内容的调整是否正确无误；

④《需求变更申请表》纳入配置管理。

2. 需求版本控制

为评审通过的软件需求文档确定版本号；每一个经过变更的软件需求文档应在修订页中描述其修正版本的历史情况，包括已变更的内容、变更日期、变更人姓名和变更后的版本号；项目经理和质量保证工程师负责检查软件需求文档版本的一致性。

3. 需求跟踪矩阵

在每次需求变更之后，必须更新需求跟踪矩阵；在每个阶段工作完成之后，亦需要更新需求跟踪矩阵。

5.3 CMMI 对应实践

5.3.1　需求管理

需求管理的目的是维护需求并且确保能把对需求的更改反映到项目计划、活动和工作产品中。而所谓的"需求"指的是由项目接受的或项目产生的产品和产品构件需求，包括由组织征集的对项目的需求。这种需求既有技术性的，也有非技术性的。

需求管理只有以下一个特定目标和五个特定实践。

SG 1 管理需求

　　SP 1.1 求得对需求的理解。

　　SP 1.2 求得对需求的承诺。

　　SP 1.3 管理需求变更。

　　SP 1.4 维护对需求的双向溯源性。

　　SP 1.5 识别项目工作与需求之间的不一致之处。

1. SG 1 管理需求

对需求进行管理并识别与项目计划和工作产品之间的不一致处。

这个特定目标在整个项目生存周期为项目提供经过批准的现行需求，管理所有这些需求的变更，确保从两个方向把握这些需求与受到它们影响的其他实体之间的关系，识别这些需求与项目计划和工作产品之间的不一致。发现不一致之后，要提出相应的纠正措施。这些需求可能是总的产品需求的一个子集，也可能是整个产品需求。

(1) SP 1.1 求得对需求的理解。设法理解需求提供者提出的这些需求的含义。

随着项目的成熟与各项需求的派生，所有各项活动或工程学科都要接受相应的需求。为了避免这些需求漫无边际地外延或者"遗漏"，要建立一些准则，用以指明接受需求的适当渠道或正式来源。接受需求的活动应该是与需求提供者一起进行需求分析的活动，以确保对需求的含义达成共识。分析和对话的结果是达成一致的需求集合。

(2) SP 1.2 求得对需求的承诺。从各个项目参与者处求得对需求的承诺。

从项目参与者处取得对需求的承诺。一般会产生如下工作产品：需求影响评估结果，对需求及其变更承诺的记录文档。可以通过如下几步活动完成该实践：一是评估各项需求（包括变更需求）对已有承诺的影响，当需求发生变更或新需求提出时，应评价它对项目参与者的影响;二是协商并记录承诺,在项目参与者对需求或需求变更作出承诺之前,应协商已有承诺的变更。

(3)SP 1.3 管理需求变更。在各项需求在项目推进期间发生演变的同时,对需求的变更进行管理。

在项目推进期间,需求会由于各种各样原因而发生变更。随着原来的需求发生变化与工作的推进,将会产生一些附加的需求,因此,要对现行的需求作出相应的变更。有效地管理这些需求和需求变更相当重要。有必要了解每个需求的来源并且把作出变更的理由形成文件。项目经理可能希望跟踪相应的需求变化度量数据,以便判断是否需要采取新的控制措施或对已有的控制作出调整。典型工作产品包括需求的各种状态、需求数据库和需求决策数据库。可以通过汇集赋予项目的或者由项目产生的全部需求或需求变更、维护需求变更的历史及变更理由、维护变更的历史数据有助于追溯需求的变化情况、从相关的共利益者的角度出发评价需求变更的影响,使需求和需求变更数据可供项目使用等四项活动完成该实践。

(4)SP 1.4 维护对需求的双向溯源性。维护在需求与项目计划和工作产品之间的双向溯源性。

这个特定实践的目的在于维护对每个产品分解层的双向溯源性。如果需求管理得好,就可以建立起从来源需求到它的较低层次需求的溯源性,和较低层次的需求它们的来源需求的溯源性。这种双向溯源性有助于确定是否所有来源需求都完全得到处理,是否所有的低层需求都可以溯源到有效的来源。需求的溯源性还可以覆盖与其他实体的关系,例如,与产品、设计文档的变更、测试计划、验证、确认以及工作任务等的关系。溯源性应该覆盖横向和纵向(如接口两边)的关系。在评估需求变更对项目计划、活动以及工作产品的影响时,尤其需要溯源性。典型工作产品包括需求溯源性矩阵、需求跟踪系统,可以通过维护对需求的溯源性,以确保能找到低层(派生)需求的来源、维护某个需求与它的各个派生需求的需求溯源性,以及从需求分配到人和过程的需求溯源性、维护需求的从功能到功能的横向溯源性和跨接口的溯源性、生成需求溯源性矩阵等四项活动完成该实践。

(5)SP 1.5 识别项目工作与需求之间的不一致之处。识别项目计划和工作产品与需求之间的不一致之处,并且启动纠正措施。一般会产生如下工作产品:关于不一致之处的文档,包括来源、条件和理由,关于纠正措施的需求、纠正措施。可以通过审查项目计划、活动和工作产品,看其是否与需求和需求变更一致、确定不一致来源的理由、识别由于对需求基线的变更而导致的必须对项目计划、活动和工作产品作出的变更、启动纠正措施等活动完成实践。

5.3.2　需求开发

需求开发过程的目的是产生和分析顾客需求、产品需求和产品构件需求。这个过程涉及顾客需求,而不仅仅是产品一级的需求,因为顾客也可能提出特殊的设计需求。这个过程域共有三个特定目标和十个特定实践。

1. SG1 开发顾客需求

(1)SP 1.1 导出需求。

(2)SP 1.2 把共利益者需要、期望、限制条件和接口转换成需求。

2. SG2 开发产品需求

(1) SP 2.1 建立产品和产品构件需求。

(2) SP 2.2 分配产品构件。

(3) SP 2.3 确定接口需求。

3. SG3 分析和确认需求

(1) SP 3.1 建立操作概念的场景。

(2) SP 3.2 建立所要求的功能度的定义。

(3) SP 3.3 分析需求。

(4) SP 3.4 评价产品成本、进度和风险。

(5) SP 3.5 用综合性的方法确认需求。

1. SG1 开发顾客需求

收集共利益者的需要和期望。限制条件和接口,并且把它们转换成顾客需求。

共利益者(如顾客、最终用户、供方、制造者以及测试人员等)的需要是确定顾客需求的基础,对共利益者的需要、期望、限制条件、接口、操作概念和产品概念等进行分析、协调、精练和细化,以便把它们转换成顾客需求集合。

但是,共利益者的需要、期望、限制条件和接口等往往不是很明确,甚至还存在矛盾。因此必须清楚地识别共利益者的需要、期望、限制条件和限度,并且理解它们。为实现这个目标,需要在整个项目生存周期中反复进行有关活动。在非协商的情况下,往往是本组织的顾客关系部门或营销部门甚至是开发组的成员充当顾客代理或最终用户代理。在建立顾客需求集合时,环境、法规和可能来自顾客以外的其他限制条件也适用。

(1) SP1.1 导出需要。导出产品生存周期内所有各个阶段共利益者的需要、期望、限制条件和接口。

导出需要的活动不属于需求收集活动的范畴,它是主动识别那些没有由顾客明确提供的需求。导出需要的活动涉及各个生存周期活动和它们对产品的影响。

用于导出需要的技术手段的例子如下:

①技术证明。

②接口控制工作组。

③技术控制工作组。

④临时项目审查。

⑤调查问卷、面谈和从最终用户处了解到的操作场景。

⑥原型设计和建模。

⑦智慧风暴法。

⑧质量功能开发。

⑨市场调查研究。

⑩贝塔(β)测试(放行前测试)。

⑪从信息源(如文档、标准或规格说明等)中提取。

⑫观察现行产品、环境和工作流程图。

⑬用例。

⑭业务案例分析。

⑮逆向工程化(针对传统产品)。

(2)SP1.2 转换需求。把共利益者的需要、期望、限制条件和接口转换成顾客需求。

有必要对顾客提供的各种输入加以定形,收集被顾客遗漏的信息,解决其中的矛盾,并且把这些输入作为被承认的顾客需求形成文件。顾客需求中可能包含与验证和确认有关的需要、期望和限制条件。

典型工作产品有顾客需求、用于验证过程的需求、用于确认过程的需求、测试用例和期望的结果。

2. SG2 开发产品需求

对顾客需求加以精练和细化,以便开发产品生存周期中的产品和产品构件需求。

结合操作概念的开发对顾客需求进行分析,派生出更加详细和精确的称之为"产品和产品构件需求"的需求集合。派生的需求可能产生于限制条件,产生于顾客需求基线中隐含的问题,以及产生于从所选择的体系结构、设计和开发者专有业务考虑导出的因素。要结合每个后续的低层次需求集合和功能体系结构对需求再次进行检查,并且对优选的产品概念进一步加以精练。

把需求分配给产品功能和产品构件,包括对象、人员和过程。要保证对功能、对象、测试或其他实体的需求溯源性。分配的需求和功能是技术解决方案的基础。随着内部构件的开发,将补充定义更多的接口和规定更多的接口需求。

(1)SP 2.1 确定产品和产品构件需求。根据顾客需求,为保证产品和产品构件的有效性和可提供性,确定产品和产品构件需求。

顾客需求可以用顾客的词语表达,并且不一定是技术描述。产品需求则采用能够用于设计决策的技术词语表述。在初次进行内部质量功能展开时就需要把顾客需求转换成产品需求,即把顾客的希望映射到技术参数上。

设计限制条件包括产品构件规范。这些规范派生于设计、决策,而不是更高层次的需求。

派生的需求还要处理生存周期其他阶段(如生产、运行和处置等)的成本和性能,并且与业务目标适当匹配。

(2)SP 2.2 分配产品构件需求。在解决方案中,产品构件需求包括产品性能分配,设计限制条件,以及为满足需求和便于制作而需要的适应性、形式和功能。如果某个较高层需求规定的性能将由两个或两个以上的产品构件来分担,那么必须把这个性能分割开,为每个产品构件分配唯一的性能要求。

(3)SP 2.3 确定接口需求。确定产品内部的接口需求和外部的接口需求,即功能接口需求或对象接口需求。

3. SG3 分析和确认需求

对各项需求进行分析和确认,并且开发所要求的功能度的定义。

分析需求,以确定那些影响到将来的操作环境的需求是否足以满足共利益者的需要、期望、限制条件和接口。必须对可行性、任务需要、成本限制、潜在的市场规模以及采办策略等结合产品背景予以考虑。还要建立所要求的功能度的定义。产品对所有规定的使用模式都要予以考虑,并且为了给各个与时间顺序关系密切的功能安排顺序,要对时间安排进行分析。

分析的目的在于针对那些将满足共利益者需要、期望和限制条件的产品概念确定候选需求,然后把这些产品概念转换成需求。与此同时,要根据顾客输入和初步的产品概念确定那些将用于评价该产品有效性的参数。

确认需求是为了使所要创建的产品将更有把握在使用环境中运行。

(1)SP 3.1 建立操作概念和场景。所谓场景,是指一系列可能在该产品使用时发生的事件,用于明确给出共利益者的某些需要。而产品的操作概念则通常取决于设计方案和这个场景。一般不会在拟定初步操作概念时确定候选解决方案,所以要开发概念性解决方案,以便分析需求时使用。随着解决方案决策的敲定和低层次详细需求的开发,要对操作概念加以精练。产品设计方案可以作为产品构件的需求,而产品操作概念则可以作为该产品构件的场景(需求)。场景可包含操作顺序,前提是这些顺序只用于表达顾客需求而不表达操作概念。

(2)SP 3.2 建立所要求的功能度的定义。功能度的定义,也称为功能分析,是描述产品要做些什么。功能度的定义可能包括动顺序、输入、输出或其他一些与产品使用方式有关的信息。

功能分析不同于软件开发中的结构化分析,也不假定是面向功能的软件设计。在面向对象的软件设计中,功能分析与定义服务有关。功能的定义、功能的逻辑分组以及与需求的关系等统称为功能体系结构。

(3)SP 3.3 分析需求以保证他们的必要性和充分性。一般会产生如下工作产品:需求缺陷报告,为解决缺陷提议的需求变更,关键需求,技术性能度量。

(4)SP 3.4 评价产品成本、进度和风险。从降低生存周期成本,加快产品开发进度和减少产品开发风险角度出发,对需求进行分析。

使用经过确认的模型、模拟和原型开发方法分析与顾客需求有关的成本和风险。分析结果可用于降低产品成本和减少产品开发中的风险。

(5)SP 3.5 用综合性的方法确认需求。适当时,采用多种技术确认需求,以确保将要产生的产品能在预计的用户环境中恰当运行。

需求确认是在开发工作的早期执行,以便确信这些需求能引导开发工作得到最终确认。

这项活动应该与风险管理活动结合进行。成熟的组织一般是在比较广泛的基础上以经过仔细推敲的方式进行需求确认,并且把其他共利益者的需要和期望也考虑在内。这类组织一般会通过运用分析、模拟或原型设计等方法确保需求满足共利益者的需要和期望。

5.4 案例分析

下面以风华电子 CIMS 需求开发历程为例进行分析。

1. 项目背景

风华电子为了上马 CIMS,与天剑公司签订了软件集成开发合同。按照合同要求,系统必须将 MRP II/ERP 思想引进到系统中,内容覆盖企业的人财物、产供销、质量和工艺等所有内容,并且实现与条形码的集成,技术上采用 C/S 架构,网络操作系统采用 Windows NT,

数据库系统采用 SQL Server7。

2. 两项基本工作

项目一开始,摆在项目组面前的两个主要问题是:首先,企业信息化基础薄弱。当时,一个 500 多人年销售额超过一亿元的企业,只有两部 IBM 计算机,一部用于电子邮件收发,一部用于财务自编系统的运行。这种情况使已经制订好的项目实施计划受到影响,原先计划制订的主要步骤包括:调研、分析、设计、分批编码、试运行、分批系统切换、总体集成和验收。因企业基础较差,调研工作的进展不理想,直接影响到其他工作。

项目组经过研究决定中先从培训、考察和宣传入手,在企业中组织各类培训,例如,CIMS 普及培训和计算机基本操作培训、汉字输入培训、先进管理思想培训、企业流程培训等;然后,组织风华电子的相关人员到其他企业参观、考察,亲身感受信息化应用的效果。

另外,当时企业处于一种快速发展的阶段,组织机构和管理流程不断在变化,在这种情况下,软件的开发速度有可能赶不上企业的发展变化。有经验的人员都知道,这样系统将陷入一种没完没了的修改之中。怎么办?从管理入手,对企业进行调研,天剑公司的开发人员对企业流程进行了分类:第一类,可以确定下来的流程:第二类,可以变通的流程;第三类,有可能变化的流程,但变化的情况可以列举;第四类,肯定会变,但不知道怎么变的流程。不同的流程在软件设计中采用不同的解决办法:第一、二类,按正常的方法设计;第三类,采用参数控制法;第四类,细分业务单元,需要用用户流程自定义。

(3)建立需求管理工作机制。在进行需求分析时,天剑公司的开发人员抓住决策者最迫切和最关心的问题,以便引起重视。例如,整个 CIMS 系统开发初期,库存管理是企业管理的重要组成。库存的主要功能是在供给和需求之间建立缓冲,减缓供需矛盾。库存作为生产、采购、物料需求计划、销售和成本的依据,保证库存数据的准确性、完整性与及时性,是保证生产、成本、销售和采购等其他系统顺利上线的关键,也是整个系统成功与否的关键。开发人员在开发过程中利用一切机会了解决策者关心的问题,也让他们了解项目的进展。在诸如专题汇报、协调会议、领导视察和阶段性成果演示等过程中用简短、明确的语言或文字抓住领导最关心的问题,引导他们了解和重视项目的开发,当决策者认识到项目的重要性时,需求分析工作在人力、物力和时间上就有了保障。

建立组织保障,明确责任分工。天剑公司成立了相应的项目组或工程组,包括:产品管理组,质量与测试组,程序开发组,用户代表组和后勤保障组。产品管理组负责确定和设置项目目标,根据需求的优先级确定功能规范,向相关人员通报项目进展。程序管理组负责系统分析,根据软件开发标准协调日常开发工作,确保及时完成开发任务,控制项目进度。程序开发组负责按照功能规范要求完成软件系统。质量与测试组负责保证系统符合功能的要求,测试工作与开发工作是独立并行的。用户代表组负责代表用户方提出需求,负责软件的用户方测试。后勤保障组负责确保项目顺利进行的后勤保障工作。

建立良好的沟通环境和氛围。分析人员与用户沟通的程度关系到需求分析的质量,因此建立一个良好沟通氛围、处理好分析人员与用户之间的关系显得极其重要,针对用户作为投资方会有一些心理优势,希望他们的意见得到足够的重视的特点。天剑公司的分析人员充分地认识到这一点,做好了心理准备,尽量避免与用户发生争执。因为他们的目的是帮助用户说出他们最终需要。在沟通时分析人员注意做到:①在态度上尊重对方,但不谦恭;②努力适应不同用户的语言表达方式,适应用户的语言风格,理解用户的意思;③善于表达自己,善于提问;④利用工作外的交流来增进理解,加强沟通。

　　在需求调研及流程梳理顺利结束后,天剑公司的开发人员按计划完成了需求分析的任务,进入软件设计阶段。

　　案例问题:

　　1.本案例对开发工作有哪些成功的经验?

　　2.对于不确定、变化的需求,天剑公司的开发人员是如何处理的?

　　3.对于用户关心的问题天剑公司的开发人员是如何处理的?

　　4.天剑公司对需求管理是如何建立组织保障的?

　　5.为什么在进行沟通时要"在态度上尊重对方,但不谦恭",请说明原因。

本章小结

　　本章介绍需求管理的过程以及 CMMI 对应的质量管理问题。需求管理过程包括需求获取、需求分析、需求规格、需求验证和需求变更。软件项目开发人员首先应该明确用户的意图和要求,然后形成一个可以作为开发蓝图的软件需求规格说明。另外,本章还重点讲述了CMMI 对应需求管理及需求开发实践。

思考题

　　1.试述需求开发及管理流程。

　　2.试述需求管理过程。

第6章

项目估算及详细计划

学习目标:软件估算作为软件工程经济学的重要组成部分,在综合软件开发内容、开发工具、开发人员等基础上对需求调研、程序设计、编码、测试等整个开发过程所花费的时间及工作量进行预测。通过本章的学习,应能熟练掌握面向规模、面向功能、面向用例、基于过程及类比法等常用的估算方法,并能够掌握项目详细计划的主要内容与步骤。

6.1 软件估算简介

随着软件系统规模的不断扩大和复杂程度的日益加剧,从 20 世纪 60 年代末期开始,出现了以大量软件项目进度延期、预算超支和质量缺陷为典型特征的软件危机,至今仍频繁发生。根据 Standish 组织在 1995 年公布的 CHAOS 报告显示,在来自 350 个机构的 8 000 个项目中,只有 16.2% 是"成功的",即能在给定的预算和限期内完成;31.1% 是"失败的",即未能完成或者被取消;其余 52.7% 被称为"被质疑的",虽然完成,但平均预算超支 89%。2004 年,该组织的统计项目数累计达到 50 000 多个。结果显示,成功项目的比例提升了 29%,而被质疑的项目比例仍有 53%。虽然这些研究认为,CHAOS 报告中关于预算超支 89% 的数据被夸大了,实际情况应该平均在 30% ~ 40%。但有一点却能够取得共识:人们经常对软件成本估算不足,它与需求不稳定并列,是造成软件项目失控最普遍的两个原因。

那么什么是软件估算呢? 软件估算是指根据软件的开发内容、开发工具和开发人员等因素对需求调研、程序设计、编码和测试等整个开发过程所花费的时间及工作量作的预测。软件估算已成为软件工程经济学的重要组成部分。

估算不足与估算过多对企业都会产生影响,当估算过多时,肯定会使企业的整体成本增加;当估算不足时,产生的问题就更严重。由估算,不能按时完成任务,因此不得不加班加点,而没完没了的加班,将会使项目组成员身心疲惫,久而久之项目组的士气就会低落,工作效率低下,最终导致项目失败。

一个良好的软件项目计划的建立,必须估算准备开发的软件项目的任务大小(即规模)、资源情况、投入成本和限制因素等,保证这些内容进行充分地估算。最后,根据估算,制订合理的项目开发计划。为保证估算的准确性,需考虑如下几点:

(1)将估算拖延到项目的最后阶段,虽然是越往后估算,与实际值差距就越小,但这在实际软件开发过程中是不可能的;

(2)基于已完成的类似的项目进行估算,这需要项目组所在的机构资产库里有类似的项目数据;

(3)使用简单的分解技术来进行项目成本及工作量的估算,采用自顶至下或自下至上方法对整个项目进行分解,之后再进行估算;

（4）使用一个或多个估算模型或方法进行软件成本及工作量的估算,综合应用多种估算方法,这是在软件开发过程中比较行之有效的操作方法。

在开发过程中,软件估算包含的内容有:软件工作产品的规模估算;软件项目的工作量估算;软件项目的成本估算;软件项目的进度估算;项目所需要的人员、计算机、工具和设备等资源估算。

在估算过程中,通常影响估算准确性的因素有:适当地估算待建产品规格的程序;把规模估算转换成人的工作量、时间及成本的能力;项目计划反映软件项目组能力的程度;产品需求的稳定性及支持软件工程的工作环境。

6.2　常用的估算方法

6.2.1　面向规模的估算

1. 代码行(LOC)

代码行是从软件程序量的角度定义项目规模。使用代码行作为规模单位的时候,要求功能分解足够详细,而且有一定的经验数据,与具体的编程语言有关,采用不同的开发语言,代码行可能不一样。

代码行是在软件规模度量中最早使用也是最简单的方法,在用代码行度量规模时,常会被描述为源代码行或者交付源指令,目前成本采用非注释源代码行。

代码行技术的优点:

（1）代码是所有软件开发项目都有的"产品",而且很容易计算代码行数;

（2）代码行度量常被描述为源代码行(SLOC)或者交付源指令(DSI),目前成本估算通常采用非注释的源代码行。

代码行技术的缺点:

（1）对代码行没有公认的可接受的标准定义;

（2）代码行数量依赖于所用的编程语言和个人的编程风格;

（3）在项目早期,需求不稳定、设计不成熟和实现不确定的情况下很难准确地估算代码量;

（4）代码行强调编码的工作量,是项目实现阶段的一部分。

6.2.2　类比估算法

类比估算法是从项目整体出发,进行类推,即估算人员根据以往的完成类似项目所消耗的总成本(或工作量)来推算将要开发的软件的总成本(或工作量),然后按比例将它分配到各个开发任务单元中,这是一种自上而下的估算形式,也称为自顶向下。一般在有类似的历史项目数据、信息不足(要求不是非常精确)时或者在合同期和市场招标时采用此方法。其基本步骤如下:

（1）整理出项目功能列表和实现每个功能的代码行;

（2）标识出每个功能列表与历史项目的相同点和不同点,特别要注意历史项目做得不够的地方;

（3）通过步骤（1）和（2）得出各个功能的估计值；

（4）产生规模估计。

类比估算主要解决的问题有特征量的选取、相似度/相异度表达式、如何用相似的数据得到最终的估算值等。

类比估算的主要优点是比较直观，而且能够基于过去实际的项目经验来确定与新的类似项目的具体差异以及可能对成本产生的影响。其主要缺点：一是不能适用于早期规模等数据都不确定的情况；二是应用一般集中于已有经验的狭窄领域，不能跨领域应用；三是验证以适应新的项目中约束条件、技术和人员等发生重大变化的情况。

6.2.3   面向功能的估算

功能点是用系统的功能数量来测量其规模，它以一个标准单位来度量软件产品的规模，与实现产品所使用的语言和技术是没有关系的。1979 年，IBM 的 Allan Albrech 首先开发了计算功能点的方法。功能点提供了一种解决问题的结构化技术，它是一种将系统分解为较小组件的方法，使系统更容易被理解和分析。功能点计算公式：FP ＝ UFC × TCF，其中 UFC 指未调整功能点计数；TCF 指技术复杂度因子。其基本步骤如下：

（1）首先确定应用程序必须包含的功能；

（2）对每一项功能，通过计算外部输入、外部输出、外部查询、外部文件和内部文件的数量来估算由一组需求所表达的功能点数目；

（3）在估算中对五类功能计算数项中的每一类功能计数项按其复杂性的不同分为简单（低）、一般（中）、复杂（高）三个级别；

（4）计算项目中 14 个复杂度因子（TCF）；

（5）最后根据功能点计算公式计算出调整后的功能点总和。

功能点法对项目早期的规模估计很有帮助，能保持与需求变化的同步，但加权调整需要依赖个人经验。功能点可以按照一定的条件转换为软件代码行，如表 6.1 所示。

表 6.1   功能点到代码行转换表

语言	代码行/FP
C	128
C＋＋	53
VB	29
Java	46
VC＋＋	34

6.2.4   面向用例的估算

用例点法是由 Rational 的 Gustav Karner 于 1993 年提出的，以下方法主要应用于面向对象开发软件项目进行软件规模及工作量估算。UCP 估算方法主要由 五 个步骤组成。

（1）角色复杂度等级划分及计数。在 UCP 估算方法中，角色被划分 Simple、Average、Complex 三个复杂度等级。

①Simple。用例角色通过已定义的 API 或接口与系统进行交互，权重为 1。

②Average。用例角色通过某种协议（如 TCP/IP）与系统进行交互，权重为 2。

③Complex。系统的最终用户（即人）通过 GUI 或 Web 界面与系统交互，权重为 3。

计算未平衡用例角色数（Unadjusted Actor Weight, UAW），即将每一个等级的用例角色数汇总，并乘以对应等级权重，最终求和。例如：

2Simple × 1 = 2

2Average × 2 = 4

3Complex × 3 = 9

UAW = 2 + 4 + 9 = 15

（2）用例复杂度等级划分及计数。基于每个用例的事务数目对用例复杂度划分为 Simple、Average、Complex 三个等级。

①Simple：用例事务数小于或等于 3，权重为 5。

②Average：用例事务数在 4 和 7 之间，权重为 10。

③Complex：用例事务数大于 7，权重为 15。

计算未平衡用例数（Unadjusted Use Case Weight, UUCW），即将每一个等级的用例汇总，并乘以对应等级权重，最终求和。例如：

5Simple × 5 = 25

4Average × 10 = 40

0Complex × 15 = 0

UUCW = 25 + 40 + 0 = 65

（3）计算未平衡用例点数。将 UAW 与 UUCW 相加得出未平衡用例点（Unadjusted Use Case Point, UUCP），续上例：

UUCP = UAW + UUCW = 15 + 65 = 80

（4）使用技术复杂度因子（Technical Complex Factor, TCF）和环境复杂度因子（Environment Complexity Factor, ECF）平衡 UUCP，得出 UCP。根据项目复杂度不同，可将 TCF 和 ECF 中每项因子赋予 0~5 间的任意值。任一因子赋予的分值越高，该因子对项目的影响就越大或关联性越强。

对表 6.2 中 TF1~TF13 各项因子打分，再将每项因子得分与其对应用权重相乘，然后求和得到 TFactor。由此计算得出（表 6.2），TCF = 0.6 + (0.01 × TFactor)。计算 ECF（表 6.3）：为表 6.2 中 EF1~EF13 各项因子打分，再将每项因子得分与其对应用权重相乘，然后求和得到 TFactor。由此计算得出，ECF = 1.4 + (−0.03 × TFactor)。计算软件规模 UCP：UCP = TCF × ECF × UUCP。续上例：若 TCF = 0.9，ECF = 0.905，则 UCP = 0.9 × 0.905 × 80 = 65.16(65)。

（5）估算项目开发工作量（Effort）。只要给出基于每 UCP 完成的工作量，即生产率（人时/ UCP）就可以计算得出项目开发工作量。UCP 发明人建议：每 UCP 为 16~30 人，均值为 20 人时，对一个规模为 65 个 UCP 的项目，所需要的开发工作量为 Effort = UCP × Productivity = 65 × 20 = 1 300 人时，约为 32.5(33)人周。

面向用例的估算方法比较适合于面向对象的软件项目，经过调整可以用于估算测试工作，但加权调整需要经验。

表6.2　技术复杂度因子

TCF	说　明	权重	TCF	说　明	权重
TF1	系统分步式程度	2.0	TF8	可移植性	2.0
TF2	系统性能要求	1.0	TF9	系统易于修改程度	1.0
TF3	最终用户使用效率要求	1.0	TF10	并发性要求	1.0
TF4	内部处理复杂度	1.0	TF11	特殊安全功能特性要求	1.0
TF5	复用程度	1.0	TF12	为第三方系统提供直接系统访问	1.0
TF6	易于安装要求度	0.5	TF13	是否需要特殊的用户培训设施	1.0
TF7	系统易于使用	0.5			

表6.3　环境复杂度因子

ECF	说　明	权重	ECF	说　明	权重
EF1	UML 精通程度	1.5	EF5	团队士气	1.0
EF2	系统应用经验	0.5	EF6	需求稳定度	2.0
EF3	面向对象经验	1.0	EF7	兼职人员比例高低	-1.0
EF4	系统分析员能力	0.5	EF8	编程语言难易程度	-1.0

6.2.5　基于过程的估算(Top－Down)

1. 自顶向下法

首先对整个系统进行总工作量估算(根据立项报告或合同等),再将过程分解为相对较小的活动或任务,再估算每个任务的规模及完成任务所需的工作量,总工作量逐步分解到各组成部分的工作量,并考虑开发软件所需资源、人员、质量保证和系统安装等的工作量。

自顶向下法估算工作量小,速度快。但对项目中的特殊困难估计不足,估算出来的工作量盲目性大,有时会遗漏被开发软件的某些部分。

比如:接到一个周期期限为六个月的项目,项目经理可能作如下估算:

(1)一个月:需求分析;

(2)一个月:系统设计;

(3)两个月:编码;

(4)两个月:联调,测试,改错;

(5)再根据这个估算对每个阶段进一步估算和规划。

2. 自底向上法(Bottom－Up)

该方法是按组件或子功能划分,先对每个组件的工作量估算,然后总计得到整个项目的规模和工作量。此方法的优点是估算各个部分准确性高;能提高参与人的责任心;但缺少各个子任务之间相互联系所需的工作量,还缺少许多与软件开发有关的系统级工作量(配置管理、质量管理和项目管理等)。所以往往估算值偏低,必须用其他方法进行检验和校正。

6.2.6　Delphi 法详解

Delphi 估算法(Expert Judgmenl)是一种专家估算技术,在没有历史数据的情况下。这种方式适用于评定过去与将来新技术与特定程序之间的差别,但专家"专"的程度及对项目理解的程度是工作中的难点,但是这种方式对决定其他模型的输入利时特别有用。Delphi 方法的基本步骤是：

（1）组织者发给每位专家一份软件系统的规格说明和一张记录估算值的表格，请他们估算；

（2）专家详细研究软件规格说明后，对该软件提出三个规模的估算值：最小（ai）、最可能的（mi）、最大（bi）；

（3）组织者对专家的表格中的答复进行整理，计算每位专家的 $Ei = (ai + 4mi + bi)/6$，然后计算出期望值 $E = E1 + E2 + \cdots En/n$（$N$：表示 N 个专家）；

（4）综合结果后，再组织专家不记名填表格，比较估算差，并查找原因

（5）如果各个专家的估算差异超出规定的范围（如 15%），则需重复上述过程，最终可以获得一个多数专家共识的软件规模。

Delphi 法的优点是不需要历史数据；非常适合新的较为特别的项目估算；缺点是主观、专家的判断有时并不准确和专家自身技术水平不够时会带来误判。

6.3 项目详细计划

由于软件开发的手工性、个体性特征，软件开发项目计划不可能是一个静态的计划，在项目启动时，可以制订一个粒度相对比较粗的项目计划，先确定项目高层活动和预期里程碑。粗粒度的项目计划需要不断地更新迭代，根据项目的大小和性质及项目的进展情况进行迭代和调整。迭代和调整的周期也是根据项目的情况进行制订的，一般短到一周，长到两个月。经过不断的计划制订、调整和修订等工作，项目计划从最初的粒度，变得非常详细。这样的计划将一直延续到项目结束，延续到项目的成果出现。

6.3.1 项目详细计划的主要内容

软件项目计划是项目管理的关键内容。根据《GB 8567—88 计算机软件产品开发文件编制指南》中项目开发计划的要求，结合实际情况调整后的《软件项目计划书》内容如下：

1 引言

1.1 编写目的

1.2 背景

1.3 定义

1.4 参考资料

1.5 标准、条约和约定

2 项目概述

2.1 项目目标

2.2 产品目标与范围

2.3 假设与约束

2.4 项目工作范围

2.5 应交付成果

2.5.1 需完成的软件

2.5.2 需提交用户的文档

2.5.3 需提交内部的文档

2.5.4 应当提供的服务

2.6 项目开发环境

2.7 项目验收方式与依据

3 项目团队组织

3.1 组织结构

3.2 人员分工

3.3 协作与沟通

3.3.1 内部协作

3.3.2 项目接口协作

3.3.3 外部沟通与协作

4 实施计划

4.1 风险评估及对策

4.2 工作流程

4.3 总体进度计划

4.4 项目控制计划

6.3.2　项目详细计划步骤

1. 确定估计策略

根据项目的类型、分配的软件需求、软件生命周期和风险估计状况等,结合以往项目的历史数据,制订估计策略。

在项目计划时,根据立项估计数据范围和需求分析的结果,再次估计项目的进度,工作量和成本范围。

识别出现成的可重用在本项目中的工作产品(包括需求、设计代码、测试计划和用例等),估计修改和使用这些重用部分的工作量和规模。

在此过程中,会形成如下数据:本项目估计数据、实际数据和修改后的项目数据及相关修改信息;用来作为估计参考的其他项目实际数据;项目间的差异和差异解释。这些数据均需收集,并在项目完成后形成总结文档。作为评价本项目估计正确与否的依据,汇总到机构过程资产库中,为将来的项目估计提供实际数据参考。

2. 规模估计

对已识别的项目工作产品及其活动作出规模估计,包括项目中的子系统数、需求数、代码行数、新产生的文档和重用已有的文档的页数等。

在适当的时候(如系统设计完成后),再次估计软件规模,包括新增加的软件部分和重用已有的软件部分(如模块数、代码行数、页面数和界面数)。

可使用代码行估算(代码行数包括新增的和修改的代码以及注释,不包括空格)或功能点分析法来估计软件规模,在估计过程中结合 Delplti 方法估算软件规模。如果选用其他机构过程资产库里没有的估算方法,其估算过程必须经过 EPG 的批准;经批准的估算过程纳入机构的过程资产库。对于新研发类项目建议使用 UCP 法,对于产品升级类项目建议使用代码行估算。

记录项目规模估计所选择的开发语言、估计的工作分解对象、选定的估计方法、影响估算的风险、可重用的软件部分、参加估计人员、开发方法、所定的假设与推理条件等背景资料,估计过程中形成的数据及最终形成的估计结果,形成项目开发计划。

当项目开发计划发生重大偏离、有必要调整和项目任务细分时,采用原估算方法依据要求对软件规模进行重新估算,并修改项目开发计划书中相应部分或单独形成文档,以便为进行中和将来的项目提供参考依据。

3. WBS 细化

在项目细化阶段,WBS 一般细化到 3～5 级,根据不同项目由项目经理确定细分的级别,并且划分到每个任务完成时间不超过3人天。

第3级——过程,把每个阶段划分为几个过程。

第4级——单元,把每个过程划分为单元(子系统、模块)任务。

第5级——任务,一般为低层的详细任务。

建议详细计划的分解粒度为一个人3天内可以完成的任务。根据项目大小,由项目经理确定划分的级别。

在小项目及需求明确且稳定的项目,要在项目开始阶段制订完整的WBS。分解的粒度以满足管理和估计的需要为准。

较大的项目,WBS必须随着对要做的工作的深入了解而不断完善。一般的途径是在项目的尽早阶段定义出高层形式的1~3级的WBS,然后在作详细计划时建立低层4~5级或更高级成分。

项目的WBS中还应该定义出管理和支持活动,如项目管理、配置管理和质量保证。所要遵循的指导原则与上述活动相同。大多数管理和支持活动是在项目的各阶段中持续执行的:它们随项目或阶段的启动而开始,随项目或阶段的结束而终止。把这些连续的工作细分到适当的程度便于估计和监控。

4. 工作量估计

如果合适,可以以其他类似项目的历史数据作为估计的参考数值;在同一个项目中,工作量的单位必须一致,一般可采用"人日"、"人时"等单位。

根据工作分解结构图(WBS),采用Delpli方法或其他方法对技术活动(包括开发过程中的需求、设计、编码、测试、支持活动和项目管理)进行估计。

估计时,记录工作量估计所选择的开发语言、估计的工作分解对象、执行任务人员、开发方法、所定的假设与推理等背景资料,估计过程中形成的数据及最终形成的估计结果,形成项目开发计划书中相应部分。

当项目开发计划发生重大的偏离、有必要调整和项目任务细分时,按照步骤(5)的要求对工作量进行重新估计,并修改项目开发计划书中相应部分或单独形成文档,以便为进行中和将来的项目提供参考依据。

5. 成本估计

可以根据以往经验,并以其他类似项目的历史成本数据作为估计的参考数值。项目经理根据本项目所需资源、工作量和工作环境要求等估计项目成本范围。其内容主要包括所需的成本内容、金额和到位时间等。

成本内容一般包括:直接的员工工资、管理费、差旅费、软硬件费用、资料费和里程碑活动经费等。将估算结果写入项目开发计划书中相应位置。

6. 关键计算机资源估计

可以根据以往经验、软件需求和其他可用信息识别关键计算机资源。关键计算机资源包括:开发环境、集成测试环境和用户环境中所用的计算机资源。估计项目组分析项目开发、测试及用户使用产品所需要的软硬件资源。

估算关键计算机资源时,需要考虑工作产品的规模、软件的运行负载、通信量、内存容量等相关联因素,并预留一定的扩展范围。将估算结果写入项目开发计划书中相应位置。

7. 风险估计

根据风险管理章节所讲知识进行风险估计,并把首要风险列表、风险规避措施、缓解方案及相关负责人、跟踪周期等写入开发计划中。具体内容及方法将在软件风险管理中讲解。

8. 项目计划定稿

根据以上估计,形成项目进度表,建议采用 Ms Project 编制,便于软件生命周期全过程的跟踪和更新维护。项目经理在制订项目开发计划时,需要识别本项目与相关组和个人进行协调沟通的内容,在项目开发计划中注明。各个专项计划完成,定稿或者并入开发计划。

项目组及相关组和个人参与项目开发计划的非正式评审,在充分讨论、分析的基础上,各方达成对计划进度、任务分配和项目规模估计等一致的意见,项目开发计划书定稿。

在项目详细计划时,除了形成主要的项目开发计划之外,一般还会形成配置管理计划、质量保证计划、风险管理计划和测试计划等专项计划,以便更好地对整个项目进行管理。

在项目开发计划及相对应的专项计划定稿之后,需要对这些计划进行正式的评审,作为项目后继工作开展的基础。在评审时一般按如下原则进行。

(1)通过项目开发计划评审,使得人们对项目开发计划及专项计划达成一致的内部承诺和外部承诺。

(2)建议对开发计划进行正式评审,对于大型项目或合同类项目应当请主要负责人、市场部经理和客户代表参加。

(3)达成承诺并得到批准后的项目开发计划书是项目跟踪和监督的基础,由项目经理提交给配置管理员,将其纳入配置管理库,形成计划基线;若使用 MS Project 编制项目进度表,则在项目进度表上设置比较基准,以方便计划数据与实际数据的比较分析。

(4)项目经理在项目进展过程中对项目开发计划的内容进行跟踪并及时更新。

6.4 案例分析

某公司准备开发一个软件产品。在项目开始的第一个月,项目团队给出了一个非正式的、粗略的进度计划,估计产品开发周期为 12 ~ 18 个月。一个月以后,产品需求已经写完并得到了批准,项目经理制订了一个 12 个月期限的进度表。因为这个项目与以前的一个项目类似,项目经理为了让技术人员去做一些"真正的"工作(设计、开发等),在制订计划时就没让技术人员参加,自己编写了详细进度表并交付审核。每个人都相当乐观,都知道这是公司很重要的一个项目。然而没有一个人重视这个进度表。公司要求尽早交付客户产品的两个理由是:①为下一个财年获得收入;②有利于确保让主要客户选择这个产品而不是竞争对手的产品。团队中没有人对尽快交付产品产生怀疑。

在项目开发阶段,许多技术人员认为计划安排得太紧,没考虑节假日,新员工需要熟悉和学习的时间也没有考虑进去,计划是按最高水平的人员的进度安排的。除此之外,项目成员也提出了其他一些问题,但基本都没有得到相应的重视。

为了缓解技术人员的抱怨,计划者将进度表中的计划工期延长了两周。虽然这不能完全满足技术人员的需求,但还是有必要的,这在一定程度上减少了技术人员的工作压力。技术主管经常说:"产品总是到非做不可时才做,所以才会有现在这样一大堆要做的事情。"

计划编制者抱怨说:"项目中出现的问题都是由于技术主管人员没有更多的商业头脑造成的,他们没有意识到为了把业务做大,需要承担比较大的风险,技术人员不懂得做生意,我们不得不促使整个组织去完成这个进度。"

在项目实施过程中,这些争论一直很多,几乎没有一次能达成一致意见。商业目标与技术目标总是不能达成一致。为了项目进度,项目的规格说明书被匆匆赶写出来。但提交评审时,意见很多,因为很不完善,但为了赶进度,也只好接受。

在原来的进度表中有对设计进行修改的时间,但因前期分析阶段拖了进度,即使是加班加点工作,进度也很缓慢。这之后的编码、测试计划和交付产品也因为不断修改规格说明书而不断进行修改和造成返工。

12个月过去了,测试工作的实际进度比计划进度落后了六周,为了赶进度,人们将单元测试与集成测试同步进行。但麻烦接踵而来,由于开发小组与测试小组同时对代码进行测试,两个组都会发现错误。由于开发人员正忙于完成自己的工作,因此,测试人员对发现的错误响应很迟缓,为了解决这个问题,项目经理命令开发人员优先解决测试组提出的问题,而项目经理也强调测试的重要性,但最终的代码还是问题很多。

现在进度已经拖后10周,开发人员加班过度,经过如此长的加班时间都很疲惫,也很灰心和急躁。而工作还没有结束,如果按照目前的进度方式继续,则整个项目将比原计划拖延四个月的时间。

案例问题

1. 编制计划时,邀请项目组成员有哪些好处?
2. 学习曲线对软件项目有哪些影响?
3. 编制进度计划时需要考虑哪些重要因素?
4. 在本案例中,我们能吸取什么教训?
5. 一个成功的项目管理其基础是什么?

本章小结

项目规模成本估算是项目规划的基础,也是项目成本管理的核心,通过成本估算方法,分析并确定项目估算成本,并以此进行项目成本控制等管理活动。本章详细介绍了常用的成本估算方法及项目详细计划的主要内容与详细计划步骤。

思考题

1. 常用的估算方法有哪些?
2. 分析各种估算方法的适应条件及其优缺点。
3. 如何制订项目详细计划步骤?

第 7 章

软件配置管理

>>>

学习目标：软件配置管理是一套规范、高效的软件开发管理方法，同时也是提高软件质量的重要手段，贯穿于软件生存期的全过程，用于建立和维护软件产品的完整性和可追溯性。通过本章的学习，应能掌握配置库、基线、工作空间等配置管理的基本概念，还应熟练掌握配置管理计划、配置管理审计等配置管理活动、主流配置管理工具等。

软件项目的变化是持续的、永恒的。需求会变，技术会变，系统架构会变，代码会变，甚至连环境都会变，这一系列问题直接影响项目的成败，而配置管理可以应对这一系列问题。

软件配置管理是一套规范、高效的软件开发管理方法，同时也是提高软件质量的重要手段。随着软件开发规模的不断扩大，一个项目的中间软件产品的数目也越来越多，中间软件产品之间的关系也越来越复杂，对中间软件产品的管理也越来越困难，有效的软件配置管理则有助于解决这一问题。软件配置管理贯穿于软件生存期的全过程，目的是用于建立和维护软件产品的完整性和可追溯性。

7.1　配置管理的基本概念

配置管理的概念源于美国空军，为了规范设备设计与制造，美国空军在 1962 年制定并发布了第一个配置管理的标准《AFSCM375 – 1 CM During the Development & Acquisition Phases》。而软件配置管理概念的提出则在 20 世纪 60 年代末 70 年代初。当时加利福利亚大学圣巴巴拉分校的 Leon Presser 教授在承担美国海军的航空发动机研制合同期间，撰写了一篇名为《Change and Configuration Control》的论文，提出了控制变更和配置的概念，这篇论文同时也是他在管理该项目的一个经验总结。

配置管理相当于软件开发的位置管理，它回答以下问题。

(1)我(他)是谁？（Who am I?)

(2)为什么我(他)在这里？（Why am I here?)

(3)为什么我(他)是某某？（Why am I who I am?)

(4)我(他)属于哪里？（Where do I belong？)

配置管理的基本目标包括：

(1)软件配置管理的各项工作都是有计划进行的；

(2)被选择的项目产品得到识别、控制并且可以被相关人员获取；

(3)已识别出的项目产品的更改得控制；

(4)使相关组别和个人及时了解软件基线的状态和内容。

7.1.1　配置库

决定配置库的结构是配置管理活动的重要基础。一般有两种常用的有组织形式：按配置项类型分类建库和按任务建库。

　　按配置项类型分类建库的方式经常为一些咨询服务企业所推荐,它适用于通用的应用软件开发机构。这种机构生产的产品一般继承性较强,工具比较统一,对并行开发有一定的需求。使用这样的库结构有利于对配置项的统一管理和控制,同时也能提高编译和发布的效率。但由于这样的库结构并不是面向和各个开发团队的开发任务的,所以可能会造成开发人员的工作目录结构过于复杂,带来一些不必要的麻烦。

　　而按任务建立相应的配置库则适用于专业软件的研发机构。这种机构使用的开发工具种类繁多,开发模式以线性发展为主,所以就没有必要把配置项严格地进行分类存储,人为地增加目录的复杂性。因此,特别是对于研发性的软件机构来说,还是采用这种设置策略比较灵活。

　　配置库的日常工作是一些事务性的工作,目的是保证配置库的安全性,包括:对配置库的定期备份,清除无用的文件和版本,检测并改进配置库的性能等。

　　在项目开发过程中,配置库可分为开发区、受控区和测试区三个区域。它们各自存放的内容及库存的规定如下:

　　(1)开发区。开发区存放项目组所遵循的过程标准、参考资料、所有未经批准的配置项和已经批准但未纳入基线的配置项。此区域中的配置项由项目经理负责和控制,在项目总结结束后删除。

　　(2)受控区。受控区存放基线。此区域的配置项由项目经理或 CCB 评审批准后,由配置管理员从开发区更新而来,此区属配置管理员所有。

　　(3)测试区。该区仅为临时区,不作详细规定,测试通过后需删除该区。测试内容也可由配置管理员从受控区获取到指定的路径进行测试。

　　软件工程师按如下原则使用配置库:

　　(1)在添加配置项后,按企业版本的约定打标识,给定一个初始版本;

　　(2)签入/签出不需要更新的标识;

　　(3)当工作产品完成并签入后,按企业版本约定打标识;

　　(4)修改完成后签入,三级或四级版本号加一,按上面版本约定打标识;

　　(5)以此类推,直到该配置项完全定稿。

　　配置管理员按如下原则使用配置库:

　　(1)拥有配置库的全部权限,建立配置库并分配操作权限;

　　(2)把评审过的配置项根据评审后确定的版本,打上版本标识;

　　(3)根据审计过的版本控制表生成基线,从开发区把配置项移到受控区,之后锁定该版本的工作产品;

　　(4)负责配置库的日常维护及备份;

　　(5)发布时定期或事件驱动从配置库生成配置状态报告。

　　测试工程师按如下原则使用配置库:

　　(1)测试工程师除了对测试区域及公共区域有权限外,对其他区域均无操作权限;

　　(2)当一个系统(变更)测试通过之后,通知配置管理员,由配置管理员根据测试结果对相关配置项打标识。

7.1.2 基线

基线是一个或者多个配置项的集合,它们的内容和状态已经通过技术的复审,并在生存期的某一阶段被接受了。基线代表了软件开发过程的各个里程碑,标志着开发过程中一个阶段的结束,是具有里程碑意义的配置项。基线修改需要按照正式的程序执行。

1. 建立基线的原因

(1)重现性。及时返回并重新生成软件系统给定发布版本的能力,早些时候重新生成开发环境的能力。

(2)可追踪性。建立项目工作产品之间的前后继承关系,确保设计满足要求、代码满足设计及使用正确的代码编译系统。

(3)报告。来源于基线之间内容的比较,有助于调试并生成发布说明。

2. 建立基线有的优点

(1)为开发工作提供了一个定点和快照;

(2)新项目可以从基线提供的定点建立,作为一个单独分支,新项目将与随后对原始项目所进行的变更进行隔离;

(3)各开发人员可以将建有基线的工作产品作为他在隔离的私有工作区中进行更新的基础;

(4)当认为更新不稳定或不可信时,基线为团队提供一种取消变更的方法;

(5)重新建立基于某个特定发布版本的配置,可以重现已报告的错误。

3. 常用基线建立的时机

(1)需求基线,在需求分析阶段结束后,《用户需求说明书》《软件需求规格说明书》经过评审;

(2)计划基线,详细计划经过了评审;

(3)设计基线,在概要设计和详细设计阶段结束后,设计阶段工作产品经过了评审;

(4)实现基线,代码和集成测试计划、用例和报告等工作产品经过了评审;

(5)测试基线,系统测试计划、用例和报告等工作产品经过了评审;

(6)发布基线,通过软件系统验收测试与正式的配置审核,产生作为最终产品交会用户的配置项的集合。

7.1.3 工作空间

工作空间为开发人员提供独立的工作区域。工作空间是被设计用来防止用户之间的相互干扰。它提供了在配置管理下能在可调对象上持续的工作空间。工作空间是通过版本状态模型来获得的。这就意味着属性"状态"和构件的版本是相联系的。依靠哪种状态(如状态"忙"或"冻结"),构件或者被认为是一个私有的工作区或者被认为是一个公有的库。"忙"构件是可调的并且不能被其他人使用;"冻结"就是一个对公共使用来说能获得的但不可调的例子。构件被提交给公共库的同时使得它们在被适当的用户证明后,对公共用途来说是可获得的。(在效力上,工作区提供工作的独立性且建立在一个全局的、长期的、不可调对象的库和一个为可调对象且私有的短期的库之间的区别)

在企业里,一般对每个人的工作空间可以建立如下约定:

(1)在项目结束后,开发人员在本地机器删除所有项目资料;

（2）严格按照开发环境的描述安装相关软件，搭建自己的工作平台；

（3）及时备份半成品，在开始修改配置项之后检查当前配置项状态/版本号；

（4）不随意安装未经过批准的软件。

7.1.4 变更控制

对于大型的软件开发项目，无控制的变更可以迅速制造混乱，使整个项目无法顺利进行下去，从而失败。变更控制就是通过结合人为的规程和自动化工具，以提供一个变化控制的机制。本小节所涉及的变更控制的对象主要指配置库中的各基线配置项。变更管理的一般流程是：

（1）由开发人员或系统分析人员提出变更需求；

（2）由 CCB（变更控制委员会）或项目经理审核并决定是否批准；

（3）配置管理员根据 CCB 或项目经理的决定开放相应的权限，并形成记录备案；

（4）变更申请人员执行相应的变更。

在这里，将要涉及的变更控制分为两类：一类是基线的变更控制；另一类是软件版本的变更控制。

（1）基线的变更控制。基线的变更是指在一个软件版本的开发周期内对基线配置项的变更，主要包括基线的应用和更新等活动。基线变更所涉及的操作主要包括基线标签的定义和标签的使用。基线标签属于严格受控的配置项，它的命名必须严格按照相关的命名规范来进行。基线在建立时，按照角色职责的分工，须经 CCB 同意并正式地将该基线的标识和作用范围通知系统集成员，由后者负责执行；基线一旦划定，由该基线控制的各配置项的历史版本均处于锁定或严格受控状态，任何对基线位置的变更请求都必须遵照变更控制流程，提交 CCB 批准，然后由系统集成员执行。

（2）软件版本的变更控制。软件版本的命名规范应事先制订，并按照开发计划予以发布使用。在软件版本的演进过程中既需要从以前的版本中继承，又需要相对的独立性。所以对于一个子版本（如某特定用户定制的版本）就需要对一系列配置项从统一的开发起始基线所确定的版本上建立新的分支，然后在此分支上开发新的版本。因此，在这样的变更控制流程中，受控的对象还应包括特定的分支类型，以及工作视图的选取规则，同时配置管理员将在这一过程中担负更多的操作职责。

7.2 配置管理活动

实施软件配置管理必须要具有事先的约定与组织、人事和资源等方面的保证。这些都是顺利实施配置管理的基础。实施软件配置管理就是要在软件的整个生命周期中，建立和维护软件的完整性。实施软件配置管理，主要包括以下活动：

（1）制订配置管理计划。

（2）确定配置标识。

（3）版本管理。

（4）变更控制。

（5）系统整合。

（6）配置审核。

7.2.1　编制配置管理计划

制订配置管理计划的过程就是确定软件配置管理的解决方案,软件配置管理的解决方案涉及方面很广,将影响软件开发环境、软件过程模型、配置管理系统的使用者和软件产品的用户的组织机构。在软件配置管理计划的制订过程中,其主要流程如下:

(1)项目经理和软件配置管理委员会(SCCB)根据项目的开发计划确定各个里程碑和开发策略;

(2)根据 SCCB 的规划,制订详细的软件配置管理计划,交 SCCB 审核;

(3)SCCB 通过配置管理计划后交项目经理审批,发布实施。

配置管理计划的一个关键任务就是确定要控制哪些文档。在已经建立了要管理的文档后,对于文档必须定义以下问题:

①文件命名约定:文档命名约定在配置管理控制下,所有文档只能有唯一的文档名。相关的文档应该订有相关的名,这可以采用一个层次结构的命名约定来实现。

②正式文档的关系(项目计划书、需求定义、设计报告、测试报告都是正式文档);

③确定负责验证正式文档的人员;

④确定负责提交配置管理计划的人员。

制订配置管理计划时,必须定义以下问题:

根据已文档化的规程为每个软件项目制订软件配置管理计划。这个规程一般规定:在整个项目计划的初期制订软件配置管理计划,并与整个项目计划并行;由相关小组审查软件配置管理计划,管理和控制软件配置管理计划。

将已文档化且经批准的软件配置管理计划作为执行配置管理活动的基础。该计划应该包括:需要被执行的配置管理活动、活动的日程、指派的责任和需要的资源。配置管理的需求与由软件开发团队和其他相关小组执行的配置管理活动一样。

配置管理计划应该包括配置管理活动的相关内容,计划的方式可繁可简,完全根据项目的具体情况而定。配置管理的策略应该在配置管理计划中予以描述。配置管理计划需要指明哪些记录用于跟踪和记载对每一基线所提出的变更,同时,对每一基线中的每个配置项所标识的变更规定其控制变更的权限。

软件配置管理计划的参照模板:

1 引言

2 软件配置管理

　　2.1 软件配置管理组织

　　2.2 软件配置管理责任

　　2.3 与软件过程生命周期的关系

3 软件配置管理活动

　　3.1 配置标识

　　3.2 项目基线

　　3.3 配置库

4 软件配置管理活动

　　4.1 配置控制程序

　　4.2 配置状态

　　4.3 配置审核

5 支持

7.2.2　配置管理审计

配置审计包括两方面的内容:配置管理活动审计和基线审计。配置管理活动审计用于确保项目组成员的所有配置管理活动,遵循已批准的软件配置管理方针和规程,如导入/导出的频度、产品版本升级原则。基线审计要保证基线化软件工作产品的完整性和一致性,其目的是保证基线的配置项正确地构造并正确地实现,并且满足其功能要求。

基线审计一般按下面步骤进行:

(1)项目经理在基线生成之前填写《基线计划及跟踪表》;

(2)由指定专人(一般为质量保证工程师、机构级的 CMG 组长或资深工程师,在配置管理计划中明确)根据《基线计划及跟踪表》对配置库进行审计;

(3)审计出的问题修改完毕,由 CCB 批准后,配置管理员生成基线,并打基线标识。

配置库的审计一般由配置管理员完成。配置库审计的时机及内容如下:

(1)在里程碑处或基线生成之后进行;

(2)由配置管理员或项目经理指定负责人对配置库进行审计,填写配置审计报告;

(3)主要内容包括配置库结构是否正确,是否能正常签入签出;基线库的建立手续是否齐全;配置项版本历史信息是否正确。

质量保证工程师根据相关规程对配置管理过程进行审计,填写《QA 阶段审计报告》中的"QA 配置管理过程审计报告",确保配置管理活动按照要求开展。

7.2.3　变更控制活动

变更控制作为配置管理的主要内容之一,在操作过程中有严格的控制流程,以保证配置项的一致性和有效性。一般变更控制的内容为:

(1)确定变更批准人的责任范围和权限;

(2)建立变更控制流程,实施变更控制;

(3)对配置项变更进行管理。

CCB 成员为项目级的,可因项目的不同而有所不同,由总工程师在《项目任务书》中定义。

在项目开发过程中,遇到需要变更的工作产品(如需求变更和设计变更等)时,一般可以按如下流程来操作:

(1)变更申请人填写配置项变更申请表说明问题来源或修改原因,变更对其他配置项的影响,估计变更对项目造成的影响等。对于代码类变更,可以记录在 BUG 管理工具里,而不填写专门的配置项变更申请表,但在项目经理分配 BUG 时,必须分析变更所需花费的工时、工作量、成本及变更带来的风险,并填写在 BUG 管理工具中。如果代码类变更,对里程碑有影响,则必须填写配置项变更申请表。

(2)项目经理收到变更申请后,评估变更带来的影响、分析变更所需花费的工时、工作量、成本及变更带来的风险等,并将评估结果写入"审批意见"栏;然后提交变更授权机构(如 CCB),若不需要通过 CCB 的变更申请,则项目经理签署意见之后,即可执行变更。

(3)变更控制人判断变更的大小采取合适的评审方式:签字或评审。若采取签字方式,变更控制人在变更控制栏填写审核意见;若采取评审方式,遵照评审规程执行。然后顺次执行以下步骤。

(4)如果变更被拒绝申请,项目经理通知变更申请人,由项目经理提交配置管理员入库,变更结束。

(5)变更结果被批准,项目经理负责通知受影响的人员更改相关配置项,并指定项目组成员实施变更。

(6)修改人根据被批准的配置项变更申请表,根据标识规则从开发区里签出(Check out)配置项实施变更;修改完后签入(Check in)并进行标识,在配置项变更申请表中进行变更描述,必要时可用附件。

(7)文档类对象,由验证人验证修改结果并更新配置项变更申请表的状态(已更改),由配置管理员更新配置项变更状态报告,并在开发区处更新配置项标识。基线变更,由项目经理填写版本控制表,审计人员审计通过并由 CCB 签字批准,交配置管理员生成基线。

(8)变更实施且被质量保证工程师验证签字后,由项目经理抄送相关人员(包括研发部经理、测试人员、文档人员、配置管理员和质量保证工程师等)并将配置项变更表交给配置管理员纳入 CM 库,同时更新《配置项计划表》中配置项状态,填写《配置项计划表》的配置项变更记录。

变更产生的所有相关文档都纳入配置管理范畴;配置项变更申请表可以是电子表格或纸质文档,形式不限;将受控项变更处理结果汇总在《配置项计划表》的配置项变更表中。

在变更控制程序中,首先要完成变更提案,然后再考虑如何解决变更提案,一般需要考虑以下因素:

(1)变更的预期效益如何?

(2)变更的成本如何?

(3)项目变更进程后,对项目成本的影响如何?

(4)变更对软件质量的影响如何?

(5)变更对项目资源分配的影响如何?

(6)变更可能会影响到项目后续的哪些阶段?

(7)变更会不会导致出现不稳定的风险?

实施变更时有四个重要控制点:授权、审核、评估和确认。在实施过程中要进行跟踪和验证,确保变更被正确地执行。

7.2.4 产品构造

产品构造一般应在集成测试、系统测试前,及产品交付客户前进行;对于一些小的项目,根据项目具体情况,也可考虑只构造一次,即产品交付前。

产品构造还需遵守如下原则:

(1)在构造产品之前,需要制订集成计划;

(2)CCB 审定软件受控区构造的产品的生成。

(3)不论为内部或外部使用,由软件受控区构造的产品仅仅由软件受控区中的配置项和单元组成。

项目经理根据整个项目进展情况,制订每次构造的集成计划。在集成的前一天(具体时间长短不同,企业或项目有不同的要求及规定)把集成计划提交给相关人员,相关开发人员必须把集成计划中列出的配置项按时提交并标识;若不能按时提交,则及时上报项目经理。一般产品构造的步骤如下:

(1)构造人员在本地机器或者其他目标计算机上为产品建立一个目录。若目录原来存在,则需要把目录清空。

(2)配置管理员将软件产品需要的配置项从配置管理库上的开发区中复制到这个路径下,然后对软件产品构造(Build)。

(3)配置管理员把集成的结果填写在集成计划中,然后提交给项目经理。

(4)测试工程师从指定的位置得到构造后的产品进行测试,并把测试出的问题记录到BUG 管理工具中;若测试通过,则通知配置管理员,由配置管理员根据集成计划中的配置项列表,按照标识规则改变配置项的标识。

(5)如果软件产品需要修改,则从开发区把配置项按标识规则打上标识后,签出(Check out)到目标计算机上,在相关人员修改好后签入(Check in),并按标识规则打上标识;重复以上步骤,直至无错误。

(6)若为产品发布构造,则需要把提交给客户的软件产品复制到光盘、硬盘等介质上。

7.2.5 配置管理的管理活动

1. 跟踪配置管理活动

(1)项目经理根据项目实际规模来确定配置库的备份策略,包括确定配置库备份的频率及备份方式、路径等,并对这些策略以文档化的方式写进配置管理计划;配置管理员根据配置管理计划,对配置库进行备份,并对备份操作形成记录。

(2)配置管理员在工作周报中汇报每周配置管理的工作情况,提交给 CMG 组长、项目经理及相关组或个人。

(3)配置管理员定期或事件驱动,负责配置管理状况(如基线跟踪表、配置审计报告、配置管理问题清单、配置项变更记录和产品发布清单等)相关报告的编写,并报告给 CMG 组长、质量,保证工程师、总工程师/研发部经理、项目经理及相关组或个人。

2. 验证配置管理活动

项目的质量保证工程师负责依据软件质量保证过程和项目的质量,保证计划验证配置管理活动的执行符合配置管理计划和本过程。

7.3 产品发布流程

7.3.1 产品发布类型

在开发过程中发布分为如下几类:

(1)产品发布,产品的对外发布和整个项目结项;

（2）产品基线发布，产品对内发布，之后可以安装试点或进行贝塔（Beta）测试/用户测试（研发部经理/总工程师负责）；

（3）其他基线发布，如计划基线、需求基线、设计基线、编码基线和测试基线等（项目经理负责）。

7.3.2　产品发布的步骤

1. 产品基线发布遵循的步骤

（1）先由项目经理提出产品基线发布申请，由总工程师/研发部经理确认受影响的相关人员（如项目组成员、测试人员、配置管理员、质量保证工程师和相关业务部门）；

（2）配置管理员将最新的基线报告、配置项变更报告（记录）、版本控制表定期或事件驱动发布给受影响的组和个人；

（3）由项目经理确认受影响的组和个人都收到最新的基线报告、配置项变更报告（记录）和版本控制表；

（4）举行产品基线发布评审，由总工程师/研发部经理主持，评审通过之后，基线发布。

2. 产品发布遵循的步骤

相比较起来，产品发布是相当严格的活动，在产品发布前一般需要准备：发布必须得到批准；产品基线发布前已完成验收评审；所有发布的配置项是置于配置控制下；创建子产品发布清单。

一般产品发布的具体步骤如下。

（1）发布前准备。项目经理负责将版本控制表、产品发布申请表内容填写完整，并检查以下内容：

①软件产品是否测试通过；

②配置管理数据库是否经过审计，审计发现的问题是否得到解决；

③检查项目评审表验收结论，是否通过验收评审；

（2）产品发布申请。将版本控制表、产品发布申请表及产品发布通知单提交研发部经理或总工程师审核签字。

（3）产品封版。

①责任人。配置管理员。

②封版内容。配置管理数据库受控区的内容。

③封版的实现。锁定配置管理库（LOCK），备份配置管理库和产品基线。

④封版标识。将封版内容刻成光盘并唯一标识（建议标识方法：部门名＋系统名，如：SI－YKT表示软件研发部－卡通产品）。

⑤封版媒介。光盘、硬盘等介质上。

⑥约束。封版后的产品将不得随意改动，如需改动，必须遵照变更控制流程执行。

⑦产品版本升级见标识规则。

⑧存放。封版后的光盘一式两份，配置管理员提交本部门、总工程师办公室各一份；各部门指定专人统一管理，并将相关信息记录在 CM 产品发布清单上。

（4）产品发布。

①内部发布。由项目经理填写产品发布通知单以书面形式在所属部门发布产品；配置管理员填写产品发布清单。

②外部发布。各产品部配置管理员将母盘的安装目录、用户文档目录下的内容刻成光盘，提交给用户并填写产品发布清单。

7.4　CMMI 对应实践

配置管理过程的目的在于运用配置标识、配置控制、配置状态统计和配置审计，建立和维护工作产品的完整性。置于配置管理之下的工作产品包括将交付给顾客的产品指定的内部工作产品、采办的产品、工具和其他用于创建和描述这些工作产品的实体。这个过程域共有三个特定目标和七个特定实践。

SG1　建立基线

　　SP1.1　识别配置项

　　SP1.2　建立配置管理系统

　　SP1.3　创建或放行基线

SG2　跟踪并控制变更

　　SP2.1　跟踪变更

　　SP2.2　控制变更

SG3　建立完整性

　　SP3.1　建立配置管理记录

　　SP3.2　执行配置审核

1. SG1.2 建立基线

建立并维护用于标识工作产品的基线。

（1）SP1.1 识别配置项。识别将置于配置管理之下的配置项和有关的工作产品。

配置项识别是选择、创建和规范将交付给顾客的产品、指定的内部工作产品、采办的产品、工具和其他用于创建和描述这些工作产品的实体。置于配置管理之下的实体还包括那些规定产品需求的规范和接口文件。诸如测试结果之类的其他文档也可以包含在内，依其对规定产品的关键程度而定。对组成配置项的相关工作产品进行逻辑上的分组便于标识和受控访问。在选择接受配置管理的工作产品时，应以项目策划期间建立的准则为依据。

①典型工作产品如下：识别的配置项。

②子实践如下：

a. 按照文件化的准则选择配置项和选择组成这些配置项的工作产品，为每个配置项指定唯一性的标识号。

b. 说明每个配置项的重要特征配置项在其开发过程中将置于配置管理之下的时刻。

c. 确定每个配置项拥有者的责任。

（2）SP1.2 建立配置管理系统。建立并维护用于控制工作产品的配置管理系统和变更管理系统。

配置管理系统包括存储媒体、规程和访问该配置系统的工具。变更管理系统包括存储媒体、规程和用于记录和访问变更请求的工具。

①典型工作产品如下：

a. 带有受控工作产品的配置管理系统。

b. 配置管理系统访问控制规程。

c. 变更请求数据库。

②子实践如下：

a. 建立适用于多控制等级配置管理的管理机制。

b. 在配置管理系统存储和检索配置项。

c. 在配置管理系统中的各个控制等级之间共享和转换配置项。

d. 存储和复原配置项的归档版本。

e. 存储、更新和检索配置管理记录。

f. 根据配置管理系统创建配置管理报告。

g. 保护配置管理系统的内容。

（3）SP1.3 建立建造或放行基线。创建建造或放行基线，供内部使用和交付给顾客。

这里所说的基线是一组经过正式审查并且达成一致的规范或工作产品，是开发工作的基础。对基线的更改必须遵循变更控制规程。基线反映分配给配置项的标识号及其对应的实体。一组拥有唯一标识号的需求、设计、源代码文卷以及相应的可执行代码、构造文卷和用户文档（相关的实体），可以认为是一个基线。基线一经放行，就可以作为从配置管理系统检索源代码文卷（配置项）和生成可执行文卷的工具。交付给外部顾客的基线一般称为放行基线，内部使用的基线一般称为建造基线。

①典型工作产品如下：

a. 基线。

b. 基线描述。

②子实践如下：

a. 在创建建造或放行配置项的基线之前，从本组织负责配置管理的机构（如配置管理委员会）获得授权。

b. 只用配置管理系统中的配置项放行或创建基线。

c. 把基线中包含的配置项集合形成文件。

d. 使现行的基线集合可供使用。

2. SG2 跟踪和控制变更

跟踪并控制置于配置管理之下的工作产品。

（1）SP 2.1 跟踪变更。跟踪对配置项的变更请求。

变更请求产生于新的或已经更改的需求，产生于工作产品的缺陷和故障。要对变更进行分析，以便确定这些变更对工作产品、有关的工作产品以及进度和成本产生的影响。

①典型工作产品如下：变更请求。

②子实践如下：

a. 在变更请求系统中启动并记录变更请求。

b. 分析所建议的变更的影响。

c. 对那些受变更请求影响，并且将在后面的基线中处理的配置项进行审查并求得一致。

d. 跟踪变更请求的状态，直到结束。

（2）SP 2.2 控制变更。控制对配置项内容的变更。

对工作产品基线的整个配置维持控制。这种控制包括对每个配置项配置情况的跟踪、对新配置项的批准（必要时）和对基线的更新。

①典型工作产品如下：

a. 配置项的最新履历。

b. 基线档案。

②子实践如下：

a. 在整个生存周期中控制对配置项的变更。

b. 在把经过更改的配置项纳入配置管理系统之前，获得批准。

c. 使那些涉及变更的配置项，在保证正确性和完整性的前提下进入和退出配置管理系统。

d. 进行审查，以确保配置项的变更不会对基线造成非预期的影响，例如，确保这些变更不会危及系统的安全性。

e. 记录变更和变更原因（适宜时）。

3. SG3 建立完整性

建立并维护基线的完整性。

（1）SP 3.1 建立配置管理记录。建立并维护描述配置项的记录。

①典型工作产品如下：

a. 配置项的最新履历。

b. 变更记录。

c. 变更结果的副本。

d. 配置项的状态。

e. 基线之间的差别。

②子实践如下：

a. 详细记录配置管理行动，以便掌握每个配置项的内容和状态，并且能够恢复以前的版本。

b. 确保受到影响的个人和小组能够访问和了解这些配置项的配置状态。

c. 说明最新的基线版本。

d. 确定那些构成特定基线的配置项的版本。

e. 描述前后基线之间的差别。

f. 必要时，修改每个配置项的状态和履历，即各项变更和其他行动。

（2）SP 3.2 进行配置审核。进行配置审核，以便维护配置基线的完整性。审核配置管理活动和过程，确定所产生的基线和文档是否准确，并且在适当时记录审核结果。

①典型工作产品如下：

a. 配置审核结果。

b. 行动措施。

②子实践如下：

a. 评估基线的完整性。

b. 检查配置记录是否正确反映了配置项的配置情况。

c. 审查配置管理系统中配置项的结构完整性。

d. 验证配置管理系统中配置项的完备性和正确性。

e. 验证是否符合适用的配置管理标准和规程。

f. 对审核后提出的各项行动进行跟踪，直到结束。

7.5 配置管理工具介绍

7.5.1 Visual SourceSafe

Microsoft Visual SourceSafe 是美国微软公司出品的版本控制系统，简称 VSS。Visual SourceSafe 是一种版本控制系统产品，它提供了还原点和并行协作功能，从而使应用程序开发组织能够同时处理软件的多个版本。该版本控制系统引入了签入和签出模型，按照该模型，单个开发人员可以签出文件，进行修改，然后重新签入该文件。当文件被签出后，其他开发人员通常无法对该文件进行更改。通过源代码管理系统，开发人员还能够回滚或撤消任何随后产生问题的更改。

作为一种版本控制系统，Visual SourceSafe 能够：

(1)防止用户无意中丢失文件。

(2)允许回溯到以前版本的文件。

(3)允许分支、共享、合并和管理文件版本。

(4)跟踪整个项目的版本。

(5)跟踪模块化代码(一个由多个项目重用或共享的文件)。

7.5.2 Concurrent Versions System

CVS(Concurrent Versions System)版本控制系统是一种 GNU 软件包，主要用于在多人开发环境下的源代码的维护。

CVS 的基本工作思路：在一台服务器上建立一个源代码库，库里可以存放许多不同项目的源程序。由源代码库管理员统一管理这些源程序。每个用户在使用源代码库之前，首先要把源代码库里的项目文件下载到本地，然后用户可以在本地任意修改，最后用 CVS 命令进行提交，由 CVS 源代码库统一管理修改。这样，就好像只有一个人在修改文件一样，既避免了冲突，又可以做到跟踪文件变化等。

CVS 是并发版本系统的意思，主流的开放源码网络透明的版本控制系统。CVS 对于从个人开发者到大型、分布团队都是有用的。

7.5.3 Rational Clear Case

Rational Clear Case 是 IBM 企业的配置管理平台，它能自动追踪每一个文件和目录的变更情况,通过分支和归并功能支持并行开发。在软件开发环境中,Rational Clear Case 可以对每一种对象类型(包括源代码、二进制文件、目录内容、可执行文件、文档、测试包、编译器和库文件等)实现版本控制。因而,Rational Clear Case 提供的能力远远超出资源控制,并且可以在开发软件时帮助团队处理的每一种信息类型建立一个安全可靠的版本历史记录。其中包括提供版本控制、工作区管理建立(Build)管理及流程管理几个部分。

Rational Clear Case 具有如下功能:

(1)能提供版本控制、工作区管理、建立(Build)管理及流程管理;

(2)提供分布式、跨区域的并行开发模式可以和 Visual Studio、PowerBuilder、Oracle Developer 2000 集成;

(3)提供离线模式,让用户可以在家工作,然后合并到开发流程中;

(4)提供深入的建立(Build)内核;

(5)对执行文件和目录进行自动图形化合并,文件间的差异显示明显;

(6)完整控制程序源代码、二进制码、执行码、测试项目、文档及用户自定义的对象;

(7)支持多平台,适合各种开发环境。

7.5.4 Star Team

Star Team 是 Borland 企业的产品,是企业级解决方案,具备强大的综合项目管理能力,能够提供一个高度集成的环境,实现控制文件版本、管理需求以及变更、追踪缺陷和过程化的讨论、对项目管理所需任务进行管理,从而提高开发过程中对软件资产和软件问题的跟踪和管理能力。与其他同类产品相比,Star Team 还具备可定制工作流程功能、良好的可扩展性、支持多种客户端接入方式等优势。

Star Team 的配置内容存放在数据库中,可以支持 SQL Server 数据库、Oracle、DB2 等数据库。

7.5.5 如何选择配置管理工具

目前,配置管理,工具可分三个级别:

①第一个级别:版本控制工具,是入门级,如 CVS、VSS 等。

②第二个级别:项目配置管理工具,适合中小型项目,在版本管理基础上追加变更控制,状态统计等功能,如 Clear Case、PVCS 等。

③第三个级别:企业级配置管理工具,在实现传统意义配置管理功能的基础上,又具有比较强的过程管理功能,如 All Fusion Harvest。

面对这些形形色色、各有千秋的配置管理工具,如何根据组织特点、开发团队需要,选择切合、适用的工具呢? 配置管理工具的选择所需考虑的因素大体包括以下几个:

(1)功能是否符合实际需求,是否符合团队特点。工具就是用来帮助人们解决问题的,因此功能是否符合实际需求是最重要的判断因素。大多数主流配置管理工具的基本功能都能够满足人们需求,因此需要判断以下几个因素:

①并行开发支持。如 Clear Case、CVS 和 VSS 均支持并行开发。

②异地开发支持。如 Clear Case 提供 MultiSite 模块,通过自动或手动同步位于不同开发

地点的存储库方式,支持异地开发;而 CVS 和 VSS 不支持。

③跨平台开发支持。如 Clear Case 支持常见的平台;CVS 支持几乎所有的操作系统;VSS 仅支持 Windows 操作系统。

④与开发工具的集成性。如 Clear Case 直接与资源管理器集成,十分易用;CVS 对开发工具集成性较差;VSS 与 Visual Studio 开发工具包无缝连接,其他开发工具集成性差。

(2)性能是否满意。配置管理工具软件的一些性能指标对于最终的选择也有着至关重要的影响。

①运行性能。如果开发团队规模不大,则对配置管理工具软件的性能不会造成很大影响,但如果在项目规模比较大,团队成员逐渐增多的情况下,其运行性能就会受很大影响。Clear Case 服务器采用多进程机制,使用自带多版本文件系统 MVFS,对性能有较大的负面影响。作为一款企业级、全面的开发配置管理工具,适用于大型开发团队,CVS 较高的运行性能,适用于各种级别的开发团队;VSS 相对功能单一、简陋,适用于几个人的小型团队,在数据量不大的情况下,性能可以接受。

②易用性。Clear Case 安装、配置和使用相对复杂,需要进行团队培训;CVS 安装、配置较复杂,但使用比较简单,只需对配置管理作简单培训即可;VSS 安装、配置和使用均较简单,很容易上手使用。

③安全性。Clear Case 采用 C/S 模式,需要共享服务器上的存储目录以供客户端访问,这将带来一定安全隐患;CVS 采用 C/S 模式,不需要共享服务器上的存储目录,安全性较好;VSS 基于文件系统共享实现对服务器的访问,需要共享存储目录,这将带来一定的安全隐患。

(3)费用是否可以接受。Rational Clear Case、Hansky Firefly 两款均属于企业级配置管理工具软件。Clear Case 价格较贵,相比之下,Hansky Firefly 是一款不错的选择。而 PVCS 的价格大约是每客户端几百美元的水平,对于国内企业来说,性价比不太划算。VSS 是微软打包在 Visual Studio 开发工具包之中的,显然花费的精力不大,价格也比较便宜,可以作为个人、小项目团队版本控制之用。而 CVS 则是一款完全免费的开源软件,性能较之企业级配置管理工具差距不大,也是一种不错的选择。

(4)售后服务如何。售后服务与产品支持也是一个很重要的考察点,工具在使用过程中出现这样那样的问题是很平常的事,有些是因为使用不当,有些则是因为工具本身的缺陷。这些问题都会直接影响到开发团队的使用,因此,能够随时找到专业技术人员解决这些问题就变得十分重要。

Clear Case 已被 IBM 公司收购,但国内市场拓展有限,因此服务支持会受到限制。现在,中国用户的支持是与位于澳大利亚悉尼的支持中心联系;CVS 作为开源软件,无官方支持,需要用户自己查找资料解决技术问题,现在也出现专门为 CVS 作技术支持的公司。

7.6   案例分析

项目经理张明最近遇到一个版本控制的难题,导致多次上线后系统大面积瘫痪。正在进行的项目是一个二期开发项目,一期、二期在同一个环境中,目前项目内的工作内容有:对于一期中的 Bug 的修改、更新和对于二期内容的开发。其中：一期内容和二期内容有很强的关联性；一期内容的 Debug 结果要求用户方面测试，测试后及时更新上线；二期开发内容要求分阶段上线。所以结果导致：有时一期 Debug 结果上线后，影响二期开发的已上线内容；有时二期开发内容上线后，影响一期内容或一期 Debug 上线内容。

最常见的头疼问题如：功能 A 是一期 Debug 结果，两个月前开发完成，近日用户测试完成，A 功能完成后，Debug 开发进程继续；功能 B 是二期功能，一个月开发完成，二期开发进程继续；在 A 功能开发完毕但未上线的时候，对于 A 功能相关的类进行了更新。最近，用户要求对于 A、B 功能进行上线，但不能有其他内容上线。结果 A 功能上线后，由于修改了某二期内容（已上线）的公用函数，导致原二期系统瘫痪；B 功能上线后，加入了 B 功能之后开发的代码内容，但是由于数据库没有进行更新，导致系统报错。

案例问题：

1. 张明遇到了什么麻烦？其原因可能有哪些？

2. 面对上述问题你认为应该如何解决？说明理由。

本章小结

软件配置管理是一套规范、高效的软件开发管理方法，同时也是提高软件质量的重要手段。配置管理可以有效管理产品的完整性和可回溯性，而且可以控制软件的变更，保证软件项目的各项变更在配置管理系统下进行。所有的配置管理活动都应该在配置管理计划中进行合理的规划。配置管理计划可以根据项目的具体情况选择相应的配置管理过程。

思考题

1. 试述配置库、基线和工作空间的定义及其相互关系。

2. 配置管理活动包括哪些内容？

第 8 章

产品及过程质量保证

8.1 PPQA 简述

学习目标:过程和产品质量保证的目的在于使工作人员和管理者能客观地了解过程和相关的工作产品,从而支持将会高质量的产品和服务。通过本章学习,可初步了解 PPQA 的基本概念,深度掌握制定治疗保证计划、QA 活动、不符合项处理、维护治疗保证计划等内容。

PPQA(Process and Product Quality Assurance)过程与产品质量保证,属于 CMMI 概念。PPQA 的目的是提供成员与管理阶层客观洞察过程与相关工作产品。

通常说:"好的过程"产生"好的产品",而"差的过程"将产生"差的产品";还有如果"工作过程以及工作成果"不符合既定的规范,那么产品的质量肯定有问题。但这不意味着"好的过程"一定产生"好的产品";工作过程以及工作成果符合了既定规范,产品质量就一定合格。单独的"质量保证"活动并不能"保证质量","质量保证"活动必须与相关的技术活动有机结合。因此,说 CMMI 不是万能的,只有 CMMI 是不行的,还要技术(开发方法、工具)人员两个要素一起改善。

过程和产品的质量保证活动贯穿项目生命周期的全过程,有两个特定目标。

(1)客观评价项目组执行的过程及其工作产品或服务相对于适用的过程描述、标准和规程的符合性和不符合性;

(2)客观分析不符合项,跟踪不符合项直到解决。

所谓客观,有以下几层含义:

①过程和产品质量保证活动的执行者,习惯上独立于项目组,由专职的质量保证工程师承担。项目组与质量保证工程师不能是领导与被领导的关系。

②评价的标准是由 EPG 制订的机构标准过程集 OSSP 以及相关的过程资产;项目组实际执行的过程,可能与机构标准有差异,但必须符合机构制订的"裁剪指南"的规定。

③评价、审计活动的计划以及活动内容(检查单)事先制订并公开。

显然,EPG 和过程改进管理部门是标准的制订者,产品研发部门和项目组是标准的执行者,而过程和产品质量保证工程师及其管理部门则是标准的监督者。三者互相促进、互相制约的关系正好体现了西方发达国家"三权分立"的社会架构。

执行 PPQA 的八个原则如下:

(1)对所有的交付物都要执行 PPQA;

(2)所有的活动都要执行 PPQA;

（3）在组织级要定义抽样的准则；

（4）执行 PPQA 要有检查单；

（5）有检查就要有记录，无论是否有问题；

（6）有问题就要跟踪关闭；

（7）对问题要分类分析；

（8）要对 PPQA 执行 PPQA，并要有记录；

总之，按规范做事情，减少犯错误的概率，减少责任，否则，你可能成为打破常规的英雄，但你更可能是失败的替罪羊。

8.2　PPQA 活动内容

8.2.1　制订质量保证计划

软件项目的质量计划就是要将与项目有关和质量标准标识出来，提出如何达到这些质量标准和要求的设想。项目质量计划的编写就是为了确定与项目相关的质量标准并决定达到标准的一种有效方法。它是项目计划编制过程中的主要组成部分之一，并与其他的项目计划编制过程同步。

1. 质量计划的要求

质量计划应说明项目管理小组如何具体执行它的质量策略。质量计划的目的是规划出哪些是需要被跟踪的质量工作，并建立文档，此文档可以作为软件质量工作的指南，帮助项目经理确保所有工作计划的完成。作为质量计划，应该满足下列要求：

（1）确定应达到的质量目标和所有特性的要求；

（2）确定质量活动和质量控制程序；

（3）确定项目不同阶段中的职责、权限、交流方式及资源分配；

（4）确定采用控制的手段、合适的验证手段和方法；

（5）确定和准备质量记录。

2. 质量计划的编写

软件项目的质量计划要根据项目的具体情况来决定采取的计划形式，没有统一的定律。有的质量计划只是针对质量保证的计划，有的质量计划既包括质量保证计划，也包括质量控制计划。质量保证计划包括质量保证（如审计、评审软件过程、活动和软件产品等）的方法、职责和时间安排等；质量控制计划可以包含在开发活动的计划中，如代码走查、单元测试、集成测试和系统测试等。

在编制项目质量计划时，主要的依据有以下几方面：

（1）质量方针。质量方针是由高层管理者对项目的整个质量目标和方向制订的一个指导性的文件。但在项目实施的过程中，可以根据实际情况对质量方针进行适当地修正。

（2）范围描述。范围描述是质量计划的重要依据。

（3）产品描述。产品描述包含了更多的技术细节和性能标准，是制订质量计划必不可少的部分。

(4)标准和规则。项目质量计划的制订必须参考相关领域的各项标准和特殊规定。在项目中,其他方面的工作成果也会影响质量计划的制订,如采购计划、子产品分包计划等,其中对承包人的质量要求也影响项目的质量计划。

制订质量计划主要采取的方法和技术有以下几种:

(1)效益/成本分析法。质量计划必须考虑效益与成本的关系。满足质量需求的主要效益时减少了重复性工作,即高产出、低成本、高用户满意度。质量管理的基本原则是效益与成本之比尽可能大。

(2)基准法。主要是通过比较项目的实施与其他同类项目的实施过程,为改进项目的实施过程提供借鉴和思路,并作为一个实施的参考标准。

(3)流程图。流程图是一个由箭线和节点表示的若干因素关系图,可以包括原因结果图、系统流程图和处理流程图等。因此,流程图经常用于项目质量控制过程中,其主要目的是分析及确定问题产生的原因。

(4)试验设计。试验设计对于分析整个项目输出结果是最有影响的因素,也是十分有效的。对于软件开发、设计原型解决核心技术问题和主要需求也是可行和有效的。但是,这种方法存在费用与进度交换的问题。

下面给出一个参考的质量计划模板。

1.导言	6.1 基本任务
2.项目概述	6.2 活动反馈方式
2.1 功能概述	6.3 争议上报方式
2.2 项目生命周期模型	6.4 测试计划
2.3 项目阶段划分及其准则	6.5 采购产品的验证和确认
3.实施策略	6.6 客户提供产品的验证
3.1 项目特征	7.实施计划
3.2 主要工作	7.1 工作计划
4.项目组织	7.2 高层管理定期评审安排
4.1 项目组织结构	7.3 项目经理定期和基于事件的评审
4.2 SQA 组的权利	8.资源计划
4.3 SQA 组织及职责	9.记录的收集、维护与保存
5.质量对象分析及选择	9.1 记录范围
6.质量任务	9.2 记录的收集、维护和保存

8.2.2 实施 QA 活动

1.QA 的职责

(1)通过监控开发过程来保证工作产品质量;

(2)保证开发出来的产品和开发过程符合相应标准与规程;

(3)保证产品、过程中存在的不符合问题得到处理,必要时将问题反映给高级管理者;

(4)确保项目组制订的计划、标准和规程适合项目组需要,同时满足评审需要;

(5)向开发人员提供回馈。

2.QA 人员的工作内容

(1)与新项目的项目经理一起确定项目组应使用的管理标准。项目组的管理标准的来源主要包括四个:①国际、国家和行业等外部标准;②企业内部标准;③客户要求的标准;④项目经理拟定的标准。

QA 人员与 PM 一起协商采用哪些标准,需要作哪些裁剪。这个过程实际上是项目在定义自己的工作流程,在 CMMI 中将活动的输出称为项目已定义过程(PDP)。

(2)制订项目组的质量保证计划。主要定义检查的工作量、活动、检查时机、检查标准、检查方法、抽检的原则和具体的日程安排。PPQA 执行检查的主要基础和依据是 PDP 和项目计划。

(3)指导项目组的日程管理工作。QA 应对项目拟采用的标准很熟悉,当项目组在实施过程中,会在执行某标准前向 QA 人员咨询如何使用标准,QA 人员应担负起导师的责任。

(4)检查项目组的活动与工作产品。

①定义项目的检查计划,如果在上述的第二个活动中,计划没有足够详细,则需要进行调整。

②定义检查单,根据具体的情况定义合适的检查单,避免有遗漏或者作无效的检查,保证检查的效率,可以针对项目的具体情况对检查单进行裁剪。

③检查活动与工作产品,记录问题。

④ 沟通问题并跟踪问题的关闭。如果问题在底层无法及时解决,则要逐级上报。

(5)分析问题的原因,提出改进建议。

①针对某个项目进行纵向分析;

②针对多个项目进行横向分析;

③形成质量报告,与 PM、部分经理、高层经理和 EPG 定期沟通;

④帮助 EPG 组收集过程改进的信息和最佳实践。

(6)优化组织级的 QA 过程与检查单等。

(7)检查组织级非项目的管理活动,如 HR、EPG 等。

8.2.3 不符合项处理

质量保证工程师在每周例行检查、阶段审计或参加项目评审过程中发现的不符合项,需按照以下步骤进行及时处理:

(1)质量保证工程师在审计或评审结束后,及时整理形成 QA 阶段审计报告(或 QA 周报),有不符合项时同时填写不符合项报告,提交项目经理、研发部经理、总工程师或相关组及个人。

(2)质量保证工程师协助项目经理识别不符合项报告中的不符合项,对不符合项取得共识并进行分类,并进行编号。

(3)根据不同情况对不符合项进行分类处理,结果可以有解决、不能解决或拒绝。

(4)不符合项的处理过程:①项目经理根据不符合项报告,及时与项目组成员及相关人员进行分析商量,及时采取措施,确认问题的修改方式、责任人、修改完成日期和再次审核日期,记录到《不符合项报告》中;②质量保证工程师进行不符合项处理的跟踪、验证,确认不符合项是否已经关闭;③一般在项目组内进行沟通,达成一致处理意见,若在项目组内不能解决时,质量保证工程师需要提交研发部经理/总工程师协助解决;④总工程师/研发部经理收到质量保证工程师提交的不符合项报告后,应及时和项目组进行沟通、协调,制订限期整改计划,并反馈给质量保证工程师,质量保证工程师跟踪直至不符合项得到解决;⑤收集项目度量相关数据,在项目度量数据库中的 QA 活动度量表中记录不符合项的检查、解决和验证的总工作量。

在实际开发过程中,比较常见的不符合项有以下几种:

(1)没有根据个人周报、项目组周报及时更新项目进度表;

(2)没有进行需求、成本和关键计算机资源等内容的跟踪;

(3)评审发现的缺陷、不符合项没有按时解决处理;

(4)配置项的放置、标签方法等没有按规程处理;

(5)没有按计划完成工作且没有文档化的陈述;

(6)没有按计划进行评审且没有具体的理由;评审没有按规范、没有评审记录;

(7)没有按期举行项目例会、没有会议记录。

8.2.4　维护质量保证计划

对质量保证计划进行维护管理和变更控制,保持质量保证计划和项目开发计划的一致性。具体步骤如下:

(1)当项目开发计划发生变更时,质量保证工程师对质量保证计划进行相应的变更控制,保持与项目开发计划一致。

(2)质量保证计划的变更必须得到总工程师和项目经理的确认。

(3)调整并确认后的质量保证计划,质量保证工程师需要及时通知相关组或个人(如配置管理员、项目组成员和研发部经理或总工程师)。

(4)变更后的质量保证计划由质量保证工程师提交配置管理员纳入配置管理。

(5)质量保证工程师的日常工作、项目组对 QA 活动的支持、项目经理和 QA 经理对质量保证工程师工作的监督,可以很好地保证质量保证工程师有效地开展活动。一般至少包含:

①为项目组提供有关质量保证的培训。在项目初期或进展过程中,为使 QA 活动能够有效地实施,根据实际情况,由项目经理协助质量保证工程师对项目组成员或相关人员进行有关质量保证工程师义务和活动的培训,可以包括不符合项处理、跟踪监督等内容。

②总工程师或 QA 经理定期检查质量保证工程师活动。定期评审项目软件质量保证过程与方针;定期检查质量保证工程师提交的 QA 周报、QA 阶段审计报告、不符合项报告以及 QA 活动是否按照质量保证计划和机构制订的 QA 规程及其他相关规程执行。

8.3　CMMI 对应实践

过程和产品质量保证的目的在于使工作人员和管理人员客观地了解过程和相关的工作产品。这个过程域使项目工作人员和所有各层管理者能适当地了解整个项目生存周期中工作产品的情况,从而支持高质量的产品和服务的提交。过程和产品质量保证过程域确保所策划的过程得以实施,而验证过程域则确保规定的需求得以满足。这个过程域共有两个特定目标和四个特定实践。

SG1 客观评价过程和工作产品

SP1.1 客观评价过程

SP1.2 客观评价工作产品

SG2 提供客观情况

SP2.1 通报不符合问题,并确保解决问题

SP2.2 建立记录

1.SG1 客观评价过程和工作产品

对于所实施的过程和相关工作产品以及服务遵循适用的过程描述、标准和规程的遵循情况进行客观评价。

(1)SP1.1 客观评价过程。对照适用的过程描述、标准和规程,对指定的已实施的过程进行客观评价。

对过程和产品质量保证的客观评价是项目成功的关键。为了确保客观性,要对质量报告链的描述和如何确保过程和产品质量保证功能得到客观评价作出规定。

①典型工作产品如下:

a.审核报告。

b.不符合项报告。

c.纠正措施。

②子实践如下:

a.形成一种能鼓励员工参与识别和报告问题的环境(作为项目管理的组成部分)。

b.建立并维护明确的评价准则。

c.按评价准则对所实施的过程进行评价,检查其遵循过程描述、标准和规程的情况。

d.确定在评价期间发现的每个不符合项。

(2)SP1.2 客观评价工作产品和服务。对照适用的过程描述、标准和规程,客观评价所指定的工作产品和服务。

①典型工作产品如下:

a.审核报告。

b.不符合项报告。

c.纠正措施。

②子实践如下:

a.选择要进行评价的工作产品。如果采用抽样方式,则运用文件化的抽样准则。

b.建立并维护工作产品评价准则。

c.在工作产品评价中运用规定的准则。

d.在向顾客交付之前评价工作产品。

e.在选定的工作产品里程碑处评价工作产品。

f.对照过程描述、标准和规程对工作产品进行渐进式评价。

g.确定评价过程中发现的不符合项。

h.总结经验教训,以便改善将来产品和服务使用的过程。

2.SG2 通报并确保解决问题

客观地跟踪和通报不符合问题,并且确保解决它们。

(1)SP2.1 通报不符合问题,并且确保解决它们。向工作人员和管理者通报质量问题,

并且确保解决它们。

不符合项是在评价中发现的问题,它们反映出在遵循适用的标准、过程描述或规程中的不足。不符合项的状态是质量趋势的指示。通报的质量问题包括不符合项和质量趋势分析。

如果不能就地解决不符合项问题,就要运用已建立的逐级上报机制,以确保适当的管理层能够解决问题。要跟踪不符合项,直到解决为止。

①典型工作产品如下:

a. 纠正措施报告。

b. 审核报告。

c. 质量趋势。

②子实践如下:

a. 与适当的工作人员一起解决不符合项问题。

b. 如果不符合项问题不能在项目内部得到解决,则把它们形成文件。

c. 把不能在项目内部解决的不符合项问题逐级上报到被指定接收和负责处理不符合项问题的管理者。

d. 分析不符合项问题,了解是否存在任何可以识别和处理的质量趋势。

e. 确保相关的共利益者及时了解评价结果和质量趋势。

f. 由被指定接收和负责处理不符合项问题的管理者定期审查已经发现的不符合项及其趋势。

g. 跟踪不符合项问题,直到结束。

(2)SP2.2 建立记录。建立并维护质量保证记录。

①典型工作产品如下:

a. 审核记录。

b. 质量保证报告。

c. 纠正措施状态。

d. 质量趋势。

②子实践如下:

a. 详细记录过程和产品质量保证活动,以便了解活动状态和结果。

b. 必要时,修改质量保证活动的状态和历史记录。

8.4　案例分析

一家大型医疗器械公司刚雇用了一家著名咨询公司的资深顾问斯考特来帮助解决公司新开发的行政信息系统(EIS)存在的质量问题。EIS 是由公司内部程序员、分析员及公司的几位行政官员共同开发的。许多以前从未使用过计算机的行政管理人员也被 EIS 所吸引。EIS 能够使他们便捷跟踪按照不同产品、国家、医院和销售代理商分类的各种医疗食品的销售情况。这个系统非常便于用户使用。EIS 在几个行政部门获得成功测试后,公司决定把EIS 系统推广应用到公司的各个管理层。

不幸的是,在经过几个月的运行之后,新的 EIS 产生了诸多质量问题。人们抱怨他们不能进入系统。这个系统一个月出几次故障,据说响应速度也在变慢。用户在几秒钟之内得不到所需信息,就开始抱怨。有几个人总忘记如何输入指令进入系统,因而增加了向咨询台打电话求助的次数。有人抱怨系统中有些报告输出的信息不一致。显示合计数的总结报告对相同信息的反映怎么会不一致呢? EIS 的行政负责人希望这个问题能够获得快速准确地解决,所以他决定从公司外部雇用质量专家。据他所知,这位专家有类似项目的经验。斯考特的工作将是领导由来自医疗食品公司和他的咨询公司的人员共同组成的工作小组,识别并解决 EIS 中存在的质量问题,编制一项计划以防止未来 IT 项目发生质量问题。

案例问题

(1)EIS 存在哪些质量问题?

(2)上述问题应该怎样解决?

(3)一个项目团队如何知晓他们的项目是否交付了一个高质量的产品?

(4)如果你是斯考特,你会编制怎样一个质量计划(保证和控制)来防止未来的 IT 项目发生质量问题?

本章小结

过程和产品的质量保证活动贯穿项目生命周期的全过程。本章主要介绍了 PPQA、执行 PPQA 的原则,并介绍了制订质量保证计划、实施 QA 活动、不符合项处理和维护质量保证计划等内容,为软件的产品质量及开发过程质量保证提供支持。

思考题

1. 什么是 PPQA? 执行 PPQA 的原则是什么?

2. 编制项目质量计划时,主要的依据有哪些?

3. 试述 QA 的职责与工作内容。

第 9 章

软件风险管理

学习目标:软件风险管理是指在项目进行过程中不断对风险进行识别、评估,制定策略,监控风险的过程。风险管理的主要目标是预防风险。通过本章的学习,应了解软件项目风险管理的基本概念,熟练掌握风险识别、分析和评价、风险跟踪等方法。

9.1 风险管理概述

1.风险

总的来说,风险是指不确定的事件,一旦发生就会影响目标的实现并进而造成损失的事件或问题。所以,风险可以从广义和狭义两个方面来定义。

(1)风险的含义。

狭义的风险:是指"可能失去的东西或者可能受到的伤害",即在从事任何活动时可能面临的损失。

广义的风险:是一种不确定性,使得在给定的情况和特定时间下,所从事活动的结果有很大的差异性,差异越大,风险也越大,所面临的损失或所得到的收益都可能很大,即风险带来的不都是损失,也可能是机会。

(2)风险的本质——不确定性和损失。不确性,事件可能发生也可能不发生(必然发生的事件应列入项目的约束条件);损失,事件一旦发生,就会造成(成本、进度和质量等方面的)损失甚至出现恶性后果。

(3)风险发生过程。一般来说,项目风险应具有三个要素:首先是一个事件,其次是风险应具有事件发生的概率,最后是风险事件可能造成一定的影响。

风险发生过程如图 9.1 所示,首先有风险因素的存在,风险因素导致风险事件的发生,从而造成损失,而损失又引起了实际与计划之间的差异,从而得到风险的结果。

图 9.1 风险发生过程

2. 软件项目风险

在软件项目开发过程中,必然要使用一些新技术和新产品,同时由于软件系统本身的结构和技术复杂性的原因,需要投入大量人力、物力和财力,这就造成开发过程中存在某些"未知量"或"不确定因素",这必然给项目开发带来一定程度的风险,因此,对软件项目风险进行科学、准确地判别,为项目决策层和管理人员提供科学的评估方法,是十分必要的。

(1)软件项目风险的含义。在软件开发过程中遇到的预算和进度等方面的问题以及这些问题对软件项目的影响。软件项目风险会影响项目计划的实现,如果项目风险变成现实,就有可能影响项目的进度,增加项目的成本,甚至使软件项目不能实现。

(2)软件项目风险的分类。

①从风险的范围角度划分。

项目风险:潜在的项目预算、进度、人员、资源、用户和需求等方面的问题。例如,时间和资源分配的不合理、项目管理方法使用不当所导致的风险、资金不足等。

技术风险:实现和交付产品过程中所应用的各种技术所包含的风险。技术的正确性、不确定性、复杂性中技术陈旧等因素都可带来技术风险。

商业风险:与市场、企业产品策略等因素有关的风险。主要包括市场风险、策略风险、管理风险和预算风险等。

②从风险可预测的程度划分。

已知风险:通过评估项目计划、项目的商业和技术环境以及其他可靠的信息来源之后可以发现的那些风险。例如,不现实的交付时间、资金不足和技术不成熟等。

可预测风险:能够从过去的项目经验中推测出的风险。例如,人员调整、与客户之间沟通困难等。

不可预测风险:事先很难识别出来的风险。软件组织只能对已知风险和可预测风险进行规划和管理,不可预测风险只能靠组织的应变能力来应对了。

③从软件项目开发过程划分。

a. 需求风险。

(a)需求已经成为项目基准,但需求还在继续变化;

(b)需求定义欠佳,而进一步的定义会扩展项目范畴;

(c)添加额外的需求;

(d)产品定义含混的部分比预期需要更多的时间;

(e)在作需求时客户参与不够;

(f)缺少有效的需求变化管理过程。

b. 计划编制风险。

(a)计划、资源和产品定义全凭客户或上层领导口头指令,并且不完全一致;

(b)计划是优化的,是"最佳状态",但计划不现实,只能算是"期望状态";

(c)计划基于使用特定的小组成员,而那个特定的小组成员其实指望不上;

(d)产品规模(代码行数、功能点及与前一产品规模的百分比)比估计的要大;

(e)完成目标日期提前,但没有相应地调整产品范围或可用资源;

(f)涉足不熟悉的产品领域,花费在设计和实现上的时间比预期的要多。

c. 组织和管理风险。

(a)仅由管理层或市场人员进行技术决策,导致计划进度缓慢,计划时间延长;

(b) 低效的项目组结构降低生产率;

(c) 管理层审查、决策的周期比预期的时间长;

(d) 预算削减、打乱项目计划;

(e) 管理层作出了打击项目组织积极性的决定;

(f) 缺乏必要的规范,导致工作失误与重复工作;

(g) 非技术的第三方的工作(预算批准、设备采购批准、法律方面的审查和安全保证等)时间比预期的延长。

d. 人员风险。

(a) 作为先决条件的任务(如培训及其他项目等)不能按时完成;

(b) 开发人员和管理层之间关系不佳,导致决策缓慢,影响全局;

(c) 缺乏激励措施,士气低下,降低生产能力;

(d) 某些人员需要更多的时间适应还不熟悉的软件工具和环境;

(e) 项目后期加入新的开发人员,需进行培训并逐渐与现有成员沟通,从而使现有成员的工作效率降低;

(f) 由于项目组成员之间发生冲突,导致沟通不畅、设计欠佳、接口出现错误和额外的重复工作;

(g) 不适应工作的成员没有调离项目组,影响项目组其他成员的积极性;

(h) 没有找到项目急需的具有特定技能的人。

e. 开发环境风险。

(a) 设施未及时到位;

(b) 设施虽到位,但不配套,如没有电话、网线和办公用品等;

(c) 设施拥挤、杂乱或者破损;

(d) 开发工具未及时到位;

(e) 开发工具不如期望的那样有效,开发人员需要时间创建工作环境或者切换新的工具;

(f) 新的开发工具的学习期比预期的长,内容繁多。

f. 客户风险。

(a) 客户对于最后交付的产品不满意,要求重新设计和重做;

(b) 客户的意见未被采纳,造成产品最终无法满足用户要求,因而必须重做;

(c) 客户对规划、原型和规格的审核决策周期比预期的要长;

(d) 客户没有或不能参与规划原型和规格阶段的审核,导致需求不稳定和产品生产周期的变更;

(e) 客户答复的时间(如回答或澄清与需求相关问题的时间)比预期长;

(f) 客户提供的组件质量欠佳,导致额外的测试、设计和集成工作,以及额外的客户关系管理工作。

g. 产品风险。

(a) 矫正质量低下的不可接受的产品,需要比预期更多的测试、设计和实现工作;

(b) 开发额外的不需要的功能(镀金),延长了计划进度;

(c) 严格要求与现有系统兼容,需要进行比预期更多的测试、设计和实现工作;

(d) 要求与其他系统或不受本项目组控制的系统相连,导致无法预料的设计、实现和测试工作;

(e)在不熟悉或未经检验的软件和硬件环境中运行所产生的未预料到的问题;

(f)开发一种全新的模块将比预期花费更长的时间;

(g)依赖正在开发中的技术将延长计划进度。

h. 设计和实现风险

(a)设计质量低下,导致重复设计;

(b)一些必要的功能无法使用现有的代码和库实现,开发人员必须使用新的库或者自行开发新的功能;

(c)代码和库质量低下,导致需要进行额外的测试,修正错误或重新制作;

(d)过高估计增强型工具对计划进度的节省量;

(e)分别开发的模块无法有效集成,需要重新设计或制作。

i. 过程风险。

(a)大量的纸面工作导致进程比预期的慢;

(b)前期的质量保证行为不真实,导致后期的重复工作;

(c)太不正规(缺乏对软件开发策略和标准的遵循),导致沟通不足,质量欠佳,甚至需重新开发;

(d)过于正规(教条地坚持软件开发策略和标准),导致过多地耗时于无用的工作;

(e)向管理层撰写进程报告占用开发人员的时间比预期的多;

(f)风险管理粗心,导致未能发现重大的项目风险。

(3)软件项目常见的前五项风险。

软件项目常见的前五项风险如表 9.1 所示。

表 9.1 软件项目常见的前五项风险

风险	风险陈述	风险背景
资源不足,进度延误	过分乐观的进度,有限的成本,导致进度拖后、成本超支	人员配备不到位。没有时间进行必需的培训;无法达到进度要求的效率;将加班作为克服进度不够的标准选择。不充分的需求分析导致对产品功能需求的片面理解
需求不定	不明确的用户需求导致项目软件需求不完整、不确定	需求文档没有恰当地描述系统构成;接口文档未经确认或批准;需求细节来自现有代码;部分需求(如验收标准)不清楚;因客户方面人员变动引起需求变更或漂移
人员流失	项目骨干人员中途流失造成项目中断或失败	长期出差或长时间加班造成骨干人员有厌烦心理;激励不足,缺乏激情;个人发展前景不明,缺乏信心;团队内部沟通不畅心情不好;开发环境不好,工作难度过大;外界吸引,再谋出路
项目中途夭折	项目立项时对风险估计不足造成项目半途而废	用户原因中途中止合同;产品失去市场前景中途停止;竞争对手先行推出或产品功能不及竞争对手,只好停止。骨干流失、技术方案失误造成项目长期拖延;决策失误,中途停止项目
效率低下	长时间的生产效率低下造成项目最终失败	开发环境不好,影响工作效率;过程管理不严格,造成大量返工;员工培训不够,个人能力欠缺;职责不清,分工不明,造成时间浪费;员工缺少工作激情,影响进度

9.2   软件项目风险管理

9.2.1   风险管理概述

1. 风险管理的含义

风险发生的概率越高,造成的影响越大,属高风险,否则就是中等风险或低风险。无论风险发生的概率高低,都要进行项目风险管理。风险管理用来处理项目中的各种不确定性因素。

(1)风险管理。风险管理指在项目进行过程中不断对风险进行识别、评估,并制订策略,监控风险的过程。通过风险识别、风险分析和风险评价去认识项目的风险,并以此为基础合理地使用各种风险应对措施、管理方法、技术和手段对项目的风险进行有效的控制,妥善处理风险事件造成的不利后果,以最小的成本保证项目总体目标的实现。风险管理是一系列对未来的预测,伴随着一系列的活动和处理过程以便控制风险,减少其对项目的影响。

(2)软件项目风险管理。软件项目风险管理是软件项目管理的重要内容。在进行软件项目风险管理时,要辨识风险,评估它们出现的概率及产生的影响,然后建立一个规划来管理风险。风险管理的主要目标是预防风险。

2. 风险管理的策略

风险管理的策略可以分为四个不同的层次。

(1)危机管理。风险已经造成麻烦后才着手处理。

(2)风险缓解。事先制订好风险发生后的补救措施,但不制订任何防范措施。

(3)着力预防。将风险防范作为项目的一部分加以规划和执行。

(4)消灭根源。识别和消灭可能产生风险的根源。

作为一位优秀的风险管理者,应采取主动的风险管理策略,即着力预防和消灭根源的管理策略。主动策略在项目计划阶段就启动了,识别出潜在的风险、评估它们出现的概率和潜在的影响、按照重要性进行排序,然后制订一个计划来管理风险。

3. 软件项目风险管理组织

(1)软件项目风险管理组织作用。从广义上讲,IT 软件项目风险管理组织包括有关项目风险管理的组织结构、组织活动以及规定两者之间的相互关系的规章制度。从狭义上讲,IT 软件项目风险管理组织就是实现项目管理目标的组织结构。

(2)软件项目风险管理组织的组成。小型项目的团队成员一般较少,风险管理组织应该采取直线型;大中型项目的人、财、物及环境都更为复杂,所面临的风险也比小型项目复杂得多,一般采用职能型风险管理组织。目前,"直线+职能"型风险管理组织这种组织机构模式被广泛采用。

4. 风险管理流程

软件项目风险管理包括风险识别、风险评估、风险规划和风险监控四个过程。其次序如图9.2 所示。

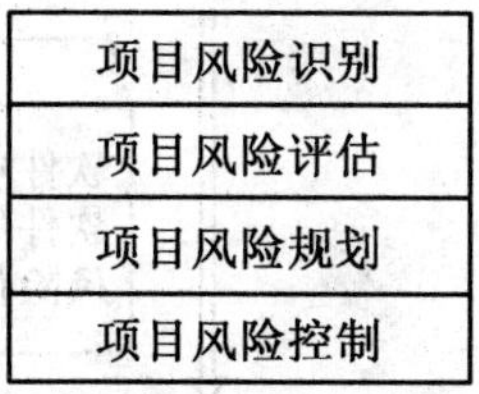

项目风险识别
项目风险评估
项目风险规划
项目风险控制

图 9.2　项目风险管理流程图

（1）项目风险识别。识别哪些风险可能影响项目并记录每种风险的属性。

（2）项目风险评估。评估风险以及风险之间的相互关系，以评定风险可能产生的后果及其影响范围。

（3）项目风险规划。制订增加成功机会和应对威胁的计划。

（4）项目风险控制。跟踪已经识别的风险，识别剩余风险和未出现的风险，保证风险应对计划的执行。其执行过程如图 9.3 所示。

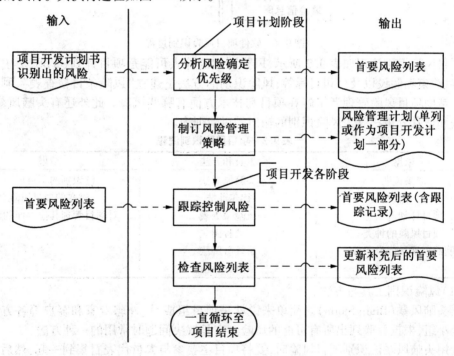

图 9.3　项目风险计划流程

9.2.2　识别风险

首先要识别出风险，才能对风险进行分析和控制。软件项目风险识别过程如图 9.4 所示。

项目风险识别是指识别项目可能存在的风险及其产生的原因，描述这些风险的特征并对这些风险进行归类的过程。项目风险识别不是一次能够完成的，它应该在整个项目运作过程中定期而有计划地进行。

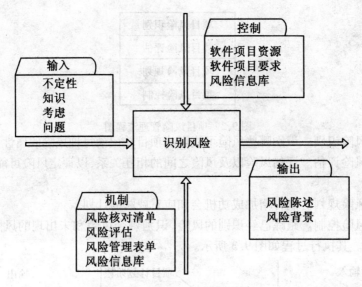

图9.4　软件项目风险识别过程

项目风险识别流程如表9.2所示,风险识别的输入可能是项目计划、WBS、历史项目数据、项目约束和假设以及公司目标等;风险识别的方法是建立"风险条目检查表",利用一组提问来帮助项目风险管理者了解在项目和技术方面有哪些风险。此外还有头脑风暴法、德尔菲法和情景分析法等。风险识别的输出是风险列表。

表9.2　项目风险识别流程

依据	工具和方法	结果
成果说明	头脑风暴法	已识别的项目风险
历史资料	德尔菲法	潜在的项目风险
项目计划的信息	风险检查表	对项目管理其他方面的改进
项目风险的种类	流程图	
制约因素和假设条件	系统分解法	
	情景分析法	

(1)风险识别工具与方法。

①头脑风暴(Brain Storm)法简单来说就是项目组成员、外聘专家和客户等各方人员组成一个小组,根据经验列出所有可能的风险。它是解决问题时常用的一种方法。

利用头脑风暴法识别项目风险时,要将项目主要参与人员代表召集到一起,然后要求他们利用自己对项目不同部分的认识,识别项目中可能出现的问题。一种有益的做法是询问不同人员所担心的内容。头脑风暴法的优点是可以对项目风险进行全面识别。

②德尔菲法,又称专家调查法,本质上是一种匿名反馈的函询法。它起源于20世纪40年代末,最初由美国兰德公司应用于技术预测。

工作流程是把需要作风险识别的软件项目的情况分别匿名征求若干专家的意见,然后把这些意见进行综合、归纳和统计,再反馈给各位专家,再次征求意见。这样反复经过四至五轮,逐步使专家意见趋向一致,作为最后预测和识别风险的依据。其中使用调查表如表9.3所示。

表9.3　德尔菲法中的风险调查表

可能发生的风险因素	权数（W）	风险因素发生的可能性（C）					W×C
		很大 1.0	比较大 0.8	中等 0.6	不大 0.4	较小 0.2	
政局不稳	0.05						0.03
物价上涨	0.15						0.12
业主支付能力	0.10						0.06
技术难度	0.20						0.04
工期紧迫	0.15						0.09
材料供应	0.15						0.12
汇率浮动	0.10						0.06
无后续项目	0.10						0.04
∑W×C＝0.56							

③风险检查表。风险检查表中列出了项目中常见的风险。项目相关人员通过核对风险检查表,判断哪些风险会出现在项目中。可根据项目经验对风险检查表进行修订和补充。该方法可以使管理者集中识别常见类型的风险。有研究表明:IT项目常常存在一些共同的风险,如人员缺乏、不现实的人员和成本估计、晚期需求变化及外购构件缺陷等。

风险检查表中的风险条目通常与以下几个方面相关:项目规模、商业影响、项目范围、客户特性、过程定义、技术要求、开发环境和人员数目及其经验。其中每一项都包含很多风险条目。也可以从不同风险类别出发来定义风险条目,如产品规模风险、需求风险、相关性风险、管理风险和技术风险等。典型风险分类表如表9.4所示。

使用风险检查表法进行风险识别的优点是快速而简单,可以用来对照项目的实际情况,逐项排查,从而帮助识别风险。但由于每个项目都有其特殊性,检查表法很难做到全面周到。

表9.4　软件开发项目中的风险分类表

产品工程		开发环境		项目约束
1.需求 　稳定性 　完整性 　清晰 　有效性 　可行性 　先例 　规模 2.设计 　功能 　难点 　接口 　性能 　可测试性 　硬件约束 　非开发软件	3.编码和单元 　测试 　可行性 　单元测试 　编码/实现 4.集成和测试 　环境 　产品 　系统 5.工程特点 　可维护性 　可靠性 　安全性 　保密性 　人的因素 　特殊性	1.开发过程 　正规性 　适合性 　过程控制 　熟悉程度 　产品控制 2.开发系统 　容量 　适合性 　可用性 　熟悉程度 　可靠性 　系统支持 　交付能力	3.管理过程 　计划 　项目组织 　管理经验 　项目接口 4.管理方法 　监控措施 　人员管理 　质量保证 　配置管理 5.工作环境 　质量态势 　合作 　士气	1.资源 　进度 　人员 　预算 　设备 2.合同 　合同类型 　约束 　依赖关系 3.项目接口 　用户 　联合承包方 　子承包方 　主承包方 　协同管理 　供货商策略

④情景分析法。情景分析法是根据项目发展趋势的多样性,通过对系统内外相关问题的系统地分析,设计出多种可能的未来前景,然后用类似于撰写电影剧本的手法,对系统发展态势作出自始至终的情景和画面的描述。

情景分析法是一种对可变因素较多的项目进行风险预测和识别的技术,它在假定关键影响因素有可能发生的基础上,构造多重情景,提出多种未来的可能结果,以便采取适当措施防患于未然。

⑤分解分析法。将大系统分解成小系统,将复杂的事物分解成简单的、易于认识的事物,从而识别风险及其潜在的损失。

除以上方法外,还可以使用专家访谈法以及历史资料法等。

(3)项目风险识别的结果:①已识别的项目风险(风险清单表,如表9.5所示);②潜在的项目风险;③对项目管理其他方面的改进。

表9.5　风险清单表

风　　险	类　　别
规模估算可能非常低	产品规模
用户数量大大超出计划	产品规模
复用程度低于计划	产品规模
最终用户抵制该计划	商业影响
交付期限将被紧缩	商业影响
资金将会流失	客户特性
用户将改变需求	产品规模
技术达不到预期的效果	技术情况
缺少对工具的培训	开发环境
人员缺乏经验	人员数目及其经验
人员流动频繁	人员数目及其经验

3. 风险识别的注意事项

(1)现场观察。风险管理者必须亲临现场,直接观察现场的各种设施的使用和运行情况以及环境条件情况。通过对现场的考察,风险管理者可以更多地发现和了解项目所面临的各种风险,有利于更好地运用上述方法对风险进行识别。

(2)与项目其他团队密切联系和配合。风险管理者应该与本项目的其他团队保持密切联系,及时交换意见,详细了解各个团队的活动情况。除了从其他团队听取口头报告和阅读书面报告外,还应与项目的负责人、专家和小组成员广泛接触,以便及时发现在这些团队的各种活动中可能存在的潜在损失。

(3)做好资料保管工作。风险管理者应注意将从各方面收集到的资料进行分类,妥善保存,这有助于项目风险管理的决策与分析。

9.2.3　分析风险

1. 定义

项目风险分析是在风险识别的基础上,运用概率和数量统计的方法对项目风险发生的概率、项目风险的影响范围、项目风险后果的严重程度和项目风险的发生时间进行估计和评价。软件项目管理过程中会面临很多已知和未知的问题,特别是没有管理经验的项目经理更应该及早评价和预防项目风险。风险评价按照阶段不同可以分为:事前评价、事中评价、事后评价和跟踪评价等;按照评价方法不同可以分为定性评价、定量评价和综合评价等。

项目经理组织项目组成员,结合项目管理经验和当前项目实际情况,确定各个风险项的影响估算情况。风险影响是反映风险严重性的一个重要指标,可以按这样的公式计算:风险影响 = 风险发生概率×影响度。

2. 项目风险分析的工作流程

项目风险分析流程如表9.6所示,包括风险分析依据、工具和技术结果等。

(1) 项目风险分析的依据。①已识别的风险;②项目的进展情况;③项目的性质;④数据的准确性和可靠性;⑤风险的重要性水平。

(2) 风险分析的工具和技术。

①统计法。统计法应用大数法则和类推原理,主要指标有分布频率、平均数、众数、方差、正态分布和概率等。

②风险值法。风险值法首先估算出风险发生的概率和项目风险可能造成的后果,相乘得出风险值,以此来度量项目的风险。即:风险值 = 项目风险发生的概率×项目风险可能造成的后果。具体分析过程如下:

表9.6 项目风险分析流程表

依据	工具和方法	结果
已识别的风险	统计法	量化的项目风险清单
项目的进展情况	风险值法	
项目的性质	决策树方法	
数据的准确性和可靠性	模拟法	
风险的重要性水平	专家判断	

风险发生概率(P):是指风险发生的可能性。其量化评价方法可按表9.7描述打分。

表9.7 常用的概率量化打分

定性表示	定量表示(P)	说明
很大	5	风险发生的可能性 >80%
较大	4	风险发生的可能性 60%至80%
一般	3	风险发生的可能性 40%至60%
不大	2	风险发生的可能性 20%至40%
很小	1	风险发生的可能性 <20%

注意:提高主观评估的准确度方法有:①由最熟悉系统的人评估每个风险的发生概率,然后保留一份风险评估审核文件。②使用 Delphi 法或者少数服从多数法。使用 Delphi 法时,必须要求每个人对每个风险进行独立的评估,然后讨论(口头或者书面的形式)每个评估的合理性,特别是最高和最低的那个。经过多轮的讨论,直到达成共识。③使用"可能性标准"。首先让每个人用表示可能性的词语来选择风险的级别,如"非常可能""很可能""可能""或许""不太可能""不可能"和"根本不可能",然后把可能性的评估转换为量化的评估。

影响度(C):是指当风险说明中所预料的结果发生时可能会对项目产生的影响,一旦风险发生而造成损失,包括成本、进度等多种损失。其量化评价方法可按下表描述进行打分,常用影响度量化评分如表9.8所示。

表9.8　常用影响度量化评分

定性表示	定量表示(P)	说明
很严重	5	进度延误>30%,或成本超支>30%
严重	4	进度延误20%~30%,或成本超支20%~30%
一般	3	进度延误<20%,或成本超支<20%
不太严重	2	进度延误<10%,或成本超支<10%
不严重	1	进度延误<5%,或成本超支<5%

根据以上两个指标的打分情况,就可以按表9.9计算出风险影响量化的值,从而可以对风险进行优先级排序,其中表内的阴影部分表示风险影响比较大,应优先关注或处理。

表9.9　项目风险值表

风险影响			风险可能性				
			很大 5	较大 4	一般 3	不大 2	很小 1
风险后果	很严重	5	25	20	15	10	5
	严重	4	20	16	12	8	4
	一般	3	15	12	9	6	3
	不太严重	2	10	8	6	4	2
	不严重	1	5	4	3	2	1

③决策树法。决策树是一种形象化的图表分析方法,它把项目所有可供选择的方案、方案之间的关系、方案的后果及发生的概率用树状的图形表示出来,为决策者提供选择最佳方案的依据。

决策树中的每一个分支代表一个决策或者一个偶然的事件,从出发点开始不断产生分支以表示所分析问题的各种发展的可能性。

每一个分支都采用预期损益值(Expected Monetary Value, EMV)作为其度量指标。决策者可根据各分支的预期损益值中最大者(如求最小,则为最小者)作为选择的依据。预期损益值等于损益值与事件发生的概率的乘积,即:EMV=损益值×发生概率。

如图9.6所示,某行动方案成功的概率是50%,收益是10万,则EMV=10×50%=5万。

该决策树是对某实施方案进行风险分析。方案实施成功的概率为70%,失败的概率为30%。如果方案实施成功,获得高性能的可能性为30%,而低性能的可能性为70%。

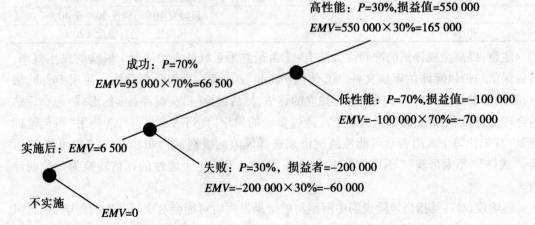

图9.6　某企业决策树

如果获得高性能,项目的收益为 550 000 元,则 $EMV = 550\ 000 \times 30\% = 165\ 000$;如果获得低性能,项目亏损 100 000 元,则 $EMV = -100\ 000 \times 70\% = -70\ 000$,方案实施成功后的收益为 $165\ 000 - 70\ 000 = 95\ 000$ 元,$EMV = 95\ 000 \times 70\% = 66\ 500$ 元。

如果方案实施失败,亏损 200 000 元,则 $EMV = -200\ 000 \times 30\% = -60\ 000$ 元。实施方案的 $EMV = 66\ 500 - 60\ 000 = 6\ 500$ 元,而不实施该方案的损益和 EMV 显然都为 0,所以应选择实施该方案。

④模拟法。模拟法是运用概率论及数理统计方法来预测和研究各种不确定因素对软件项目投资价值指标影响的一种定量分析,如蒙特卡罗技术(Monte Carlo)。蒙特卡罗分析又称统计实验法。它是随机地从每个不确定性因素中抽取样本,对整个项目进行一次计算,重复进行数次,模拟各式各样的不确定性组合,获得各种组合下的多个结果。通过统计和处理这些结果数据,找出项目变化的规律。如把这些结果值从大到小排列,统计各个值出现的次数,用这些次数值形成频数分布曲线,就能够知道每种结果出现的可能性。然后,依据统计学原理,将这些结果数据进行分析,确定最大值、最小值、平均值、标准差、方差以及偏度等,通常这些信息就可以更深入地、定量地分析项目,为决策者提供依据。在 Monte Carlo 分析中,为了达到项目潜在结果的某种分布,不确定输入变量的取值(如完成某项任务所需资源或时间可供应性的变化)是一遍一遍随机生成的。Monte Carlo 模拟法的工作步骤可以归纳为编制风险清单、采用专家法确定风险因素影响程度和概率、采用模拟技术,确定风险组合以及影响结果和统计分析与总结四步。

(3) 项目风险分析的结果。项目风险评估最重要的结果就是量化的项目风险清单,主要包括以下内容(表 9.10):

①项目风险发生的概率大小;

②项目风险可能影响的范围;

③对项目风险预期发生时间的估算;

④项目风险可能产生的后果,项目风险等级的确定:灾难级、严重级、轻微级和忽略级。

表 9.10 项目风险样本清单

序号	WSBA	风险事件	概率	影响	严重度	评级
1	1.1	用户界面粗糙	0.7	客户不满意	中	3
2	2.1.2	需求不够明确	0.5	功能不满足要求	高	2
3	3.2	测试不完全	0.8	程序死循环	高	1
4	4.2.1	文档没有写作	0.4	维护困难	中	4

3. 风险分析过程的活动

风险分析过程是将风险陈述转变为按优先顺序排列的风险列表。它包括以下活动:

(1)确定风险的驱动因素。为了很好地消除软件风险,项目管理者需要标识影响软件风险因素的风险驱动因子,这些因素包括性能、成本、支持和进度。

(2)分析风险来源。风险来源是引起风险的根本原因。

(3)预测风险影响。如果风险发生,就根据可能性和后果来评估风险影响。可能性被定义为大于 0 而小于 100,分为 5 个等级(1、2、3、4、5)。将后果分为 4 个等级(低、中等、高和关键的)。采用风险可能性和后果对风险进行分组。

(4)对风险按照风险影响进行优先排序,优先级别最高的风险,其风险严重程度等于 1,

优先级别最低的风险,其风险严重程度等于20。对级别高的风险优先处理。

9.3   风险跟踪

9.3.1   风险跟踪的目的

监视风险似乎被视为被动的活动,但事实并非如此。风险跟踪活动包括衡量风险和观察项目中有用信息的指标,表明何时应该执行风险行动计划。指标指代一个没有直接说明数量的值。成组的指标可使项目状态清楚可见。先行指标是有预见能力的指标。指标可告诉何时可以采取行动避免风险。有效的风险控制离不开在恰当的时候采取行动。

在项目开发过程中,风险跟踪是一个日常性的工作,一般采用定期或事件驱动的方式来进行,项目组内所有组员均应当关注项目中的风险。

1. 风险跟踪的总目标

(1)监视风险的状况。

(2)检查风险的对策是否有效,跟踪机制是否在运行。

(3)不断识别新的风险并制定对策。

2. 风险跟踪过程的具体目标

(1)监视风险设想的事件和情况。

(2)跟踪提前示警的风险指标。

(3)为触发机制提供通知。

(4)获得风险应对努力的结果。

(5)定期报告风险度量和度量规格。

(6)使风险状态可见。

9.3.2   风险跟踪的方法与流程

1. 项目跟踪控制的方法

(1)风险审计。项目管理员应帮助项目组检查监控机制是否得到执行。尤其是在项目关键处进行事件跟踪和主要风险因素跟踪,然后进行风险的再评估,并对没有预计到的风险制订新的应对计划。

(2)偏差分析。项目负责人应定期与基准计划比较,分析时间和成本上的偏差。例如,未能按期完工、超出预算等都是潜在的问题。

(3)技术指标分析。技术指标分析主要是比较原定指标和实际技术指标的差异。例如,测试未能达到性能要求,缺陷数大大超过预期等。

2. 项目风险跟踪的控制流程

软件项目风险跟踪控制的依据是风险计划,采用风险监控体系、风险审核等方法,目的是得到更新的风险计划和项目跟踪控制表。其流程如图9.7所示。

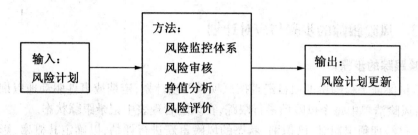

图9.7 项目跟踪控制过程图

（1）项目跟踪控制工具与方法。

①项目风险监控体系。项目风险监控体系包括制订项目风险的方针、程序、责任制度、报告制度、预警制度和沟通程序等方式，以此来控制项目的风险。

②项目风险审核。项目风险审核是确定项目风险监控活动和有关结果是否符合项目风险计划，以及风险计划是否有效地实施并达到预定目标。系统地进行项目风险审核是开展项目风险监控的有效手段，也可以作为改进项目风险监控活动的一种有效的机制。

通过挣值分析可以显示项目在成本和进度上的偏差。如果偏差较大，则需要进一步对项目风险进行识别和分析。

（2）项目跟踪控制输出。项目跟踪控制的主要输出是项目跟踪控制表，其格式如表9.11所示。通过该表，项目管理者可以看到项目风险变化情况，从而更新项目风险计划。

表9.11 某软件项目跟踪控制表

本周排名	上周排名	总周数	风 险	风险处理情况
1	1	6	需求逐渐增加	利用原型界面收集高质量的需求，将确认的需求纳入变更控制之下，用户签字；采用分阶段提交的方式用户逐步接受
2	5	3	总体设计出现问题	聘请专家评审总体设计，提出修改建议；使用符合要求的开发过程
3	2	5	开发工具不理想	尽可能采用熟悉的工具；加强人员培训
4	7	3	计划过于乐观	避免在完成需求规格前对进度作出约定；早期评审，发现问题；及时评估项目状况，必要时修订计划
5	3	6	关键人员离职	挽留关键人员；起用备份的开发人员；再招聘其他人员
6	4	5	开发人员与客户产生沟通矛盾	与客户共同组织活动，增进感情；让用户参与部分开发
7	6	4	承包商开发的子系统延迟交付	要求开发商指定负责的联络人

9.3.3　风险跟踪的步骤与应对计划

1.风险跟踪的步骤

（1）质量保证工程师协助项目经理按照项目开发计划,定期或事件驱动地以询问责任人的方式,对风险清单中每个风险项进行跟踪,在风险管理表中记录跟踪状态。

（2）项目经理须定期对"已识别"状态的风险重新进行评估,以确定其概率、影响度和优先级是否发生了变化,必要时需要对首要风险管理表进行及时的变更。

（3）项目经理在项目执行的各个阶段,需要再次对风险进行识别,确定新风险项的概率、影响度、优先级并制订应对策略,必要时对风险管理计划和风险列表及检查表进行及时的变更,以确保风险管理的动态性和完整性。

项目经理对照计划定期通报风险的情况,在定期的会议上通告相关人员目前的主要风险以及它们的状态,与计划进行对照并回顾风险状态,加强项目组内部交流。

2.风险应对计划

应对的含义包含两点:一是应该停止项目甚至取消项目或采取措施避免或减弱风险带来的损失;二是把项目风险造成的损失控制在最小的范围内。风险应对过程的活动是执行风险行动计划,以求将风险降至可接受的程度。包括对触发事件的通知作出反应,即得到授权的个人必须对触发事件作出反应。适当的反应包括回顾现实以及更新行动时间框架,并分派风险行动计划。经过风险评估后,项目风险一般会有两种情况:一是项目的风险超过了项目干系人能够接受的水平;二是项目的风险在项目干系人能够接受的范围。而项目风险应对的主要工作如表9.12所示。

表9.12　软件项目风险应对流程

依　据	工具和方法	结　果
量化的项目风险清单	回避风险	项目风险管理计划
项目团队抗风险的能力	转移风险	应急计划
可供选择的风险应对措施	减轻风险	应急储备
	接受风险	

（1）项目风险应对的依据。①量化的项目风险清单;②项目团队抗风险的能力;③可供选择的风险应对措施。

（2）项目风险应对的工具和方法。

①回避风险。回避风险是一种最彻底的风险应对技术。回避风险是对可能发生的风险尽可能地规避,采取主动放弃或者拒绝使用导致风险的方案。通过变更项目计划,消除风险或者风险的触发条件,使目标免受风险事件产生的影响。这是一种事前的风险应对策略。例如,采用更加熟悉的工作方法,澄清不明确的需求,增加资源和时间,减少项目的工作范围,尽量避免与不熟悉的分包商签约,放弃采用新技术。消除风险的起因,将风险发生概率降为零。具有简单和彻底的优点。

注意事项:对风险要有足够的认识;当其他风险策略不理想的时候,可以考虑;可能产生另外的风险;不是所有的情况都适用,有些风险无法回避,如用户需求变更等。

②转移风险。转移风险也称为分担风险。这种策略不消除风险,而是将项目风险的结果连同应对的权力转移给第三方(第三方应该知道这是风险并具有承受能力)。这也是一

种事前的应对策略,例如,签订不同种类的合同,或者签订补偿性合同,保险、担保、出售和发包等。

③减轻风险(损失控制)。在风险发生之前采取一些措施降低风险发生的可能性或减少风险可能造成的损失,即将风险事件的概率或者结果降低到一个可以接受的程度,当然,降低风险发生的概率更为有效。例如,为了提高系统的准确性,而选择更简单的流程,进行更多的实验,建造原型系统;为了防止人员流失,提高人员待遇,改善工作环境;为防止程序或数据丢失而进行备份等。减轻风险(损失控制)分类:a. 损失预防(事前);b. 损失抑制(事后)。

对于已知风险,项目团队可以在很大程度上加以控制,使风险减小;对于可预测风险,可以采取迂回策略,将每个风险都减少到项目干系人可以接受的水平上;对于不可预测风险,要尽量使之转化为可预测风险或已知风险,然后加以控制和处理。

在减轻风险的过程中,可以根据不同的风险采取不同的策略,减轻项目风险的策略,见表 9.13。

表 9.13 风险策略表

技术风险	成本风险	进度风险
强调团队支持	经常进行项目监督	经常进行项目监督
改善问题处理和沟通	使用 WBS、PERT 或 CPM	使用 WBS、PERT 或 CPM
经常进行项目监督	理解项目目标	选择最具经验的项目经理
咨询项目管理专家	团队支持	

④接受风险(自留风险)。接受风险是指不改变项目计划或者没有合适的策略能有效地在事前应对风险,而考虑风险发生后如何应对的问题,项目团队自己承担风险所导致的所有后果。接受有主动和被动之分。主动接受是指当风险实际发生时,启动相应的风险应急计划;被动接受是指风险实际发生时,不采取任何措施,只是接受一个风险损失最少的方案。例如,制订应急计划,进行应急储备和监控,然后等待风险事件发生时再随机应变。

(3)项目风险应对的结果。项目风险应对的结果主要包括项目风险管理计划(表 9.14)、应急计划"触发器"和应急储备(应急储备是指在项目计划中为了应付项目进度风险、项目成本风险和项目质量风险而持有的准备补给物(资金或物料),它可以用来转移项目的风险)。

表 9.14 项目风险管理计划表

排序	输入	风险事件	可能性	影响	风险值	采取的措施
1	系统设计评审	没有足够的时间进行产品测试	70%	50%	35%	加班的方法 修改计划去掉一些任务 与客户商量延长时间
2	WBS	对需求的开发式系统标准没有合适的测试案例	20%	80%	16%	找专业的测试公司完成测试工作
3	需求和计划	采用新技术可能导致进度的延期	50%	30%	15%	培训开发人员 找专家指导 采取边开发边学习的方法,要求他们必须在规定时间内掌握相应技术

9.4　CMMI 对应实践

1.目的

在问题发生之前识别潜在的问题,以便策划风险处理活动,在项目或产品生命周期全过程中一旦需要就可启动风险处理活动以缓解对目标实现的不利影响。

2.步骤

风险管理应该解决那些可能危及关键目标实现的问题。应采用持续的风险管理方法,以便预先有效地采取措施缓解对项目会产生严重影响的风险。

(1)SG1 Prepare for Risk Management(准备风险管理),为实施风险管理做好准备工作,通常是形成一个风险管理计划文档,为整个风险管理提供一个战略性的文件。

①Determine Risk Sources and Categories(确定风险来源和类别),通常是通过风险源清单和风险类别清单来完成该工作。

②Define Risk Parameters(定义风险参数),目的是定义用于分析和分类风险参数,以及用于控制风险管理活动的参数。

③Establish a Risk Management Strategy(建立风险管理策略),目的是建立和维护用于风险管理的策略。

(2)SG2 Identify and Analyze Risks(识别和分析风险),识别和分析风险,以便决定其相关的重要性。

Identify Risks(识别风险),目的是识别并记录风险。

Evaluate, Categorize, and Prioritize Risks(对风险进行评审、分类和排序),目的是使用已定义的风险类别和参数,评价和分类每个已识别的风险,并对其进行排序。

(3)SG3 Mitigate Risks(缓解风险),目的是必要时处理和缓解风险,以减少对目标实现的负面影响。

SP3.1 Develop Risk Mitigation Plans(开发风险缓解计划),目的是按照风险管理策略,开发重要风险的风险缓解计划。

SP3.2 Implement Risk Mitigation Plans(实施风险缓解计划),目的是定期监督每个风险的状态,必要时实施风险缓解计划。

9.5　案例分析

案例描述

江西某行业业务运营支撑网络管理工程是全国性重点工程,受到该公司领导层的高度重视,委派业务支撑部部门经理为项目总监,张工为项目经理。在编制早期计划书时,市场部李工不断提出新的需求,而张工"来者不拒",不停地更改项目计划。在工程的机房设备平面设计中,张工组织人员自行设计,将大部分机架式的小型机集中摆放在一片较小区域内。

本期工程正式完全割接上线前,旧系统仍然需保持运行。保证系统稳定运行是项目团队的第一要务,在系统割接期间,确保 7 天×24 小时的业务连续平稳运行。

问题

该工程中有哪些风险？应采取怎样的应对策略？

分析参考

1. 频繁的需求变更必然会影响信息工程项目的三大目标(进度、成本和质量)。因此引导客户需求对项目经理来说就非常关键，引导得好，项目的开发就会比较顺利，相反，就会给项目带来很多负面影响。

在该项目中，项目经理张工对市场部李工不断提出的新需求采取了"来者不拒"的态度，这是不恰当的，因为这会使项目计划不断变动，导致项目范围无法确定，工期和成本不可控制，团队成员工作目标也不明确，因此出现了非常严重的需求风险。

为了应对这一风险，张工应该与李工积极地沟通和谈判，使他明白工程的重要意义，并承诺工程不是交钥匙项目，可为系统升级和扩容留有扩展接口，将来新的需求能够通过后续工程逐步实现，从而使需求趋于稳定。

2. 在工程的机房设备平面设计中，将大部分机架式的小型机集中摆放在一片较小区域内，从表面上看，提高了机房平面空间的使用率，但是由于未充分考虑到设备散热因素，容易造成该区域，机器过热而宕机。因为团队的机房设计技术经验不足给项目带来了系统运行不稳定的风险。可采取风险转移策略来应对这一风险。张工可聘请具有通信设计资质的专家来负责机房设备平面设计，从机房空调、电源、布线、承重和消防等各个方面进行详细的勘察和设计，从而保证设备运行的可靠性，实现工程设计风险的良性转移。

在系统割接期间，新旧系统要顺利交接，这给系统业务的 7 天 ×24 小时连续平稳运行带来了风险，因此，项目组必须制订详尽可行的系统割接方案、新旧系统并行运行方案和故障应急处理方案。

本章小结

风险是随着软件项目过程而产生的，在软件项目中进行风险管理是必须的，如果忽略了风险，可能会导致项目失败。本章详细地介绍了软件项目风险管理的相关知识，包括风险识别、风险分析、风险跟踪和风险控制等方法。

思考题

1. 识别风险的过程与流程有哪些？
2. 如何分析项目风险？
3. 风险跟踪的目的是什么？
4. 试述风险跟踪方法与流程。
5. 风险跟踪的步骤是什么？

第 10 章

软件项目跟踪及控制

学习目标:软件项目跟踪控制是在软件项目实施过程中,按照项目计划对项目的实施过程进行跟踪与控制,随时掌握项目的实际开发情况,使得当项目实施与计划相背离,或者出现问题和风险时,能够采取有效的措施。通过本章的学习,应掌握软件项目跟踪及控制活动基本概念、项目跟踪控制流程、收集项目度量数据的步骤及如何处理项目偏离等内容。

10.1　软件项目跟踪及控制活动

10.1.1　软件项目跟踪概况

1. 项目跟踪控制的概念

进行项目跟踪控制就是为了保证项目能够按照预先设定的计划轨道行驶,使项目不偏离预定的发展进程。跟踪控制是一个反馈过程,需要在项目实施的全过程对项目进行跟踪控制。例如,项目经理发现某个任务进度推迟了,他就会想办法(投入更多的资源),使之赶上进度的要求。对项目进行有效的监控包括对项目的跟踪和控制两个环节,项目跟踪和控制是管理项目实施的两种不同性质但却密切相关的活动。项目跟踪是项目控制的前提和条件,项目控制是项目跟踪的目的和服务对象。跟踪工作做得不好,控制工作也难以取得理想的成效;控制工作做得不好,跟踪工作也难以有效率。

软件项目跟踪控制是在软件项目实施过程中,按照项目计划对项目的实施过程进行跟踪与控制,随时掌握项目的实际开发情况,使得当项目实施与计划相背离,或者出现问题和风险时,能够采取有效的措施。

2. 项目跟踪与控制中的人员职责

(1)项目经理。负责项目跟踪监测和控制;汇总项目组成员的个人工作周报,编写或确认项目周报;主持项目例会和日常评审活动;编制、提交项目状态报告;根据需要及时采取纠正措施包括调整项目计划。

(2)项目组员(包括配置管理)。每周填写个人工作周报,参加项目例会,完成项目组长指派的其他监控任务。

(3)质量保证工程师。验证各项监控活动与规范、规程的符合性,提交审核报告。

(4)研发部经理。主持里程碑评审;批准涉及里程碑计划变更的项目计划变更,确认涉及发布计划变更的项目计划变更;解决跟踪过程中项目经理不能解决的争议问题。

(5)项目相关各方(干系人)。提交必要的工作周报;参与承诺监测活动;参加里程碑评审;承诺项目计划变更引起的职责分工的改变。

(6)总工程师。参加里程碑评审,签署评审结论;批准涉及发布计划变更的项目计划变更;解决跟踪监控过程中项目经理和研发部经理不能解决的争议问题。

3. 软件项目跟踪控制的作用

软件项目跟踪对软件项目的实施提供了可视性,具体包括:

①知道项目的实际执行和实施情况。

②知道项目实施过程中(可能)出现了哪些问题。

③知道如何采取措施防止问题的出现,或者出现时该采取什么办法减少它给软件项目实施带来的影响和损失。

4. 软件项目跟踪控制的方针

软件负责人对项目的软件活动和结果负责,项目遵循一个书面的、由组织制订的用以管理软件项目的方针。

(1)项目组应按照项目定义过程开展项目软件开发活动。

(2)项目经理负责,依据经评审批准的项目开发计划书进行项目跟踪和监督。

(3)项目组全体成员必须按时并如实地填写个人工作周报/工作日志;由项目经理汇总形成项目组周报,跟踪过程度量数据,了解并掌握项目状态及存在的主要问题。

(4)项目经理主持召开项目例会,会上交流讨论项目状态,进度偏离的处理,质量保证工程师发现的不符合项处理等,并形成会议记录。

(5)定期或事件驱动形成阶段进度报告,汇总并分析包括规模、工作量、进度、风险和成本等在内的度量数据,根据分析结果评价项目当前状态。

(6)总工程师负责里程碑处评审,当项目的实际偏离项目开发计划过大时,应采取措施改进过程,必要时修改和调整项目开发计划,注意项目开发计划的调整或相关约定的修改应及时与相关组和个人协商确认;如果涉及外部用户或其他部门的相关组,则应请总工程师协助解决。

10.1.2　软件项目跟踪控制的内容

项目跟踪控制就是对项目进行有效地管理,计划是一个集成的过程,在进行项目跟踪控制时,同样需要综合项目计划的各个方面进行集成控制和管理,确保项目的不同元素准确无误地相互协调。为满足或超越项目参与者的需要和期望,项目跟踪控制包括在相互冲突的目标和众多的任选目标中权衡得失。项目控制的主要任务是判断实际的执行情况是否与计划出现偏差,如果出现偏差,就可能要采取措施。例如变更,无论是主动变更还是被动变更,这些变更都必须经过集成变更控制。具体来说,软件项目跟踪控制的内容如下:

(1)将文档化的软件开发计划用来跟踪软件活动和通报状态。软件开发计划随着工作的进展而更新,特别当里程碑被完成时,为反映完成情况,软件开发计划的状态应传递给以下小组和人员:软件工程组(包括所有的小组,如软件设计小组)、项目软件负责人、项目负责人、高级管理者和其他受影响组。

(2)按照文档化的规程,修订项目的软件开发计划。适时地修订软件开发计划,以便对计划进行必要地细化和更动;更新软件开发计划,以便把所有新的软件项目承诺和对承诺的更动纳入计划,软件开发计划在每次修订时都应进行评审,软件开发计划应受到管理和控制。

(3)按照文档化的规程,高级管理者参与对组织外的个人和组所作软件项目的承诺和承诺的更动进行评审。

(4)将经批准的、影响软件项目承诺的更动通报软件工程组和其他软件有关组的成员,其他软件有关组的例子包括:软件质量保证组、软件配置管理组和文档支持组。

(5)跟踪软件工作产品的规模(或者软件工作产品更动的规模),必要时采取纠正措施。

a.跟踪所有主要软件工作产品的规模(或更动的规模)。

b.将实际代码规模(生成的、经完全测试的和交付的)和在软件开发计划文档中估计的规模对比。

c.将实际交付的文档单元数据与在软件开发计划文档中估计的数据相比较。

d.按正规的手续对软件工作产品的整体预测规模(与实际值相结合的估计值)进行细化、监控和调整。

e.与受影响组一起,对那些能影响软件承诺的软件工作产品规模估计更动进行协商,并把这些更动写成文档。

(6)跟踪项目的软件工作量和成本,必要时采取纠正措施。对照已完成的工作和过去实际的工作量及成本开销,将其与软件开发计划中文档化的估计量进行比较,以识别出潜在可能的超支和欠支。

a.跟踪软件成本,并将其与软件开发计划中记载的估计相比较。

b.将实际工作量及人员配置与软件开发计划中记载的估计相比较。

c.对那些影响软件承诺的有关人员配置和其他软件成本方面的变动,与受影响组协商,并将这些变动写成文档。

(7)跟踪项目的关键计算机资源,必要时采取纠正措施。对每个主要的软件部件,按照文档化的软件开发计划跟踪项目关键计算机资源的实际使用情况和预计使用情况,并将其与估计相比较,对那些影响软件承诺的有关关键计算机资源估计的更动,与受影响组协商,并将这些更动写成文档。

(8)跟踪项目的软件进度,必要时采取纠正措施。将软件活动、里程碑和其他承诺的实际完成情况与软件开发计划作比较,评价软件活动、里程碑和其他承诺等迟后和提前完成对将来的活动和里程碑的影响。对那些影响软件承诺的有关软件进度的修订,与受影响组协商,并将其写成文档。

(9)跟踪软件工程技术活动,必要时采取纠正措施。软件工程组的成员定期向他们的负责人报告他们的技术状态,检查为后续软件开发步骤提供的软件工作产品版本是否能按照软件开发计划的规定提供,将任何软件工作产品中发现的问题均记入文档,跟踪问题报告直至结束。

(10)跟踪与项目的成本、资源、进度及技术方面有关的软件风险。当有补充信息时,调整风险的优先级及风险的可能性,项目经理定期参与高风险的软件产品和活动的评审。

(11)对软件项目的实际度量数据和重新策划的数据进行记录、管理和控制。记录的信息包括估计信息,以及为重构估计和验证其合理性所必需的辅助信息。软件重新策划的数据应受到管理和控制,将软件策划数据、重新策划数据和实际度量数据归档,以供正在进行的和未来的项目使用。

(12)软件工程组定期进行内部评审以便对照软件开发计划跟踪技术的进展、计划、性能和问题。

(13)按照文档化的规程,在所选的项目里程碑处进行正式评审以评价软件项目的完成情况和结果。安排在对软件项目进度有意义的点上进行评审,如在所选阶段的开头或结束处。在必要时,邀请用户、最终用户(或者其代表)和组织内部受影响组参与评审;最后使用的材料必须经项目软件负责人的评审和批准。

10.1.3　项目跟踪控制流程

项目跟踪控制的流程如图 10.1 所示,主要包括建立标准、建立项目监控和报告体系、测量和分析结果、采取必要的措施和控制反馈五大步骤。

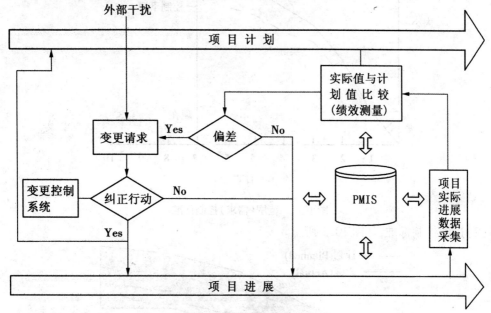

图 10.1　项目跟踪控制步骤

1. 建立标准

在项目管理中,项目管理者都会面临一个同样的问题,计划与控制做到什么程度才算可以? 人们对这个问题没有一个明确的结论。因为所有的计划都是一种预测,而项目的不确定性决定了实际进展与计划的偏差。因此,项目经理的主要任务是确定项目偏差的可接受范围。因为项目管理是有成本的,如果管理成本提高了,势必会影响项目的开发成本。如果建立了偏差的接受标准,也就确定了跟踪控制的程度,项目经理就可以将注意力放在解决特殊问题上。对于范围允许内的偏差,可以不花时间计较,而将主要精力放在超偏差的特殊问题上。

项目管理主要的三个标准计划包括范围(质量)、进度和成本。

(1)范围(需求)控制标准,如图 10.2 所示。

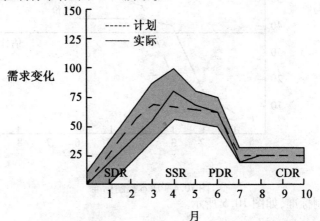

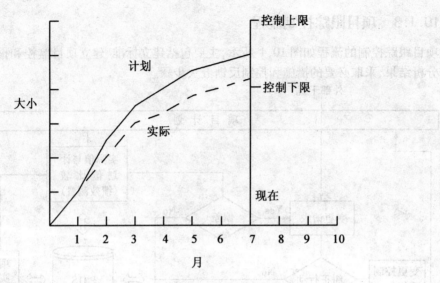

图 10.2   范围(需求)控制标准

(2)进度控制标准,如图 10.3 所示。

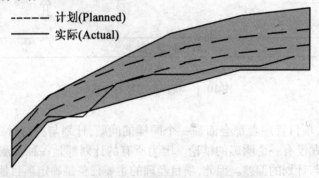

图 10.3   进度控制标准

(3)成本控制标准,如图 10.4 所示。

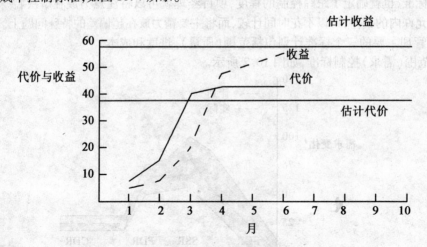

图 10.4   成本控制标准

(4)质量控制标准,如图 10.5 所示。

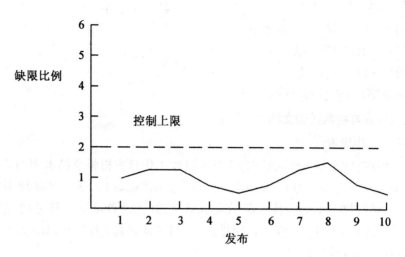

图 10.5　质量控制标准

2. 观察项目的性能，建立项目监控和报告体系

观察项目的性能，建立项目监控和报告体系，确定为控制项目所必需的数据。为了确定项目的状态，必须指定相应的监控系统和报告系统。项目经理需要项目进展和产品质量的反馈，以确保项目的各个环节都按计划进行。

建立项目监控和报告体系的首要任务是项目信息跟踪采集。跟踪采集是依据规定的规范对项目开发过程中的有关数据进行收集和记录，作为观察分析项目性能、标识偏差的依据。

3. 测量和分析结果

将项目的实际结果与计划进行比较。

4. 采取必要的措施

如果实际的项目同计划有误差，则采取必要的修正措施。

5. 控制反馈

修正计划，通知有关人员和部门。

10.1.4　项目跟踪活动

1. 项目跟踪方式

在项目跟踪时通过多种方式来进行，其原则上是自底向上的方式进行跟踪，即先是个人对工作完成情况进行跟踪，然后再由项目组对项目整体进行跟踪。

常用的方式主要有：《个人工作周报》《项目组周报》、召开项目例会和举行里程碑评审。然后根据这些跟踪方式收集的数据，再对项目进度、成本等进行更新，有时还可能需要调整项目计划。具体活动内容如下：

（1）指派项目跟踪团队（Project Trace Team，PTT）负责人。

（2）选定要用的工具和表格。

（3）实施 PTT 培训。

（4）准备 PTT 会议。

（5）召开 PTT 会议。

（6）开展工作/问题升级会议。

（7）分发 PTT 会议记录。

（8）转到第(5)步直到项目结束。

2. 项目跟踪与控制活动文档

（1）个人工作周报。

①项目组成员(包括测试人员)每周五及时按工作日志模板总结本周的活动结果,编写工作日志提交项目经理和 QA(Quality Assurance,品质保证)人员。工作周报内容主要有: a. 本周工作小结(描述本周工作任务的完成情况,并记录各项工作任务的规模、工作量); b. 问题反馈和改进建议;c. 下周工作安排;d. 项目风险跟踪(若发现风险无变化,则需注明"本周风险跟踪无变化")。

②QA 人员利用 QA 周报每周一报告本项目上周的 QA 工作情况。

③CM(Construction Management)人员利用工作日志每周五下午报告本项目本周 CM 工作情况。

（2）项目组周报。

①项目组周报由项目经理每周五根据项目组成员、CM 人员提交的个人工作周报,汇总本周项目任务完成情况;项目经理在项目过程中跟踪项目执行结果与计划相比较;对这些内容进行分析并形成周报。

②项目组周报的主要内容有:

a. 本周工作小结。汇总各项目组各成员提交的个人工作周报 ,收集本周所有任务的度量数据(包括任务的估计规模和实际规模、估计工作量和本周工作量及剩余工作量、完成状态等);并用简要文字总结本周的实际工作情况及工作成果。

b. 建议与问题反馈。汇总项目组成员提交的建议与问题,并总结以前"已识别"问题的解决情况和建议的落实情况。

c. 下周工作计划。根据项目开发计划中 WBS 列举的工作任务及对本周工作完成情况分析,安排项目组下周工作任务。

d. 变更。汇总在本周任务执行过程中发生的所有变更请求记录及其相应的变更控制表。

e. 跟踪。跟踪风险,每周更新首要风险列表,无变化则注明"本周跟踪无变化"。

f. 跟踪步骤为。跟踪规模→跟踪工作量→跟踪风险→跟踪进度→跟踪关键计算机资源→跟踪成本→跟踪问题 ,将跟踪结果与估计作比较,进行分析,将结果写入项目组周报。

3. 项目例会

（1）项目例会的目的。项目经理每周一安排时间进行项目组内部交流讨论,例会的时间可以根据实际情况而定。通过召开项目例会,需要达到以下几个目的:

①各项目组成员分别在例会上总结上周的工作情况,便于项目组其他成员了解其工作进展;

②对项目中存在的争议问题(包括技术上、管理上)进行讨论,形成处理结果;

③通报项目的总体进度,以及项目跟踪的结果,如风险、成本和进度等,对跟踪发现的问题达成一致的处理意见;

④讨论并确定下一阶段的工作安排及下周的工作任务;

⑤涉及项目开发计划的调整或者相关的变更请求,需要在例会中讨论达成一致意见。

⑥讨论解决 QA 发现的不符合项。

(2)例会召开的方法。项目经理负责在每周一召开项目例会（如遇特殊情况不能按期召开例会,则需在例会之前通知相关人员并说明理由;项目经理可以决定将项目例会延期或者通过电子邮件等其他方式与项目组成员进行沟通,保证项目组成员每周就项目存在问题、进展情况及风险进行讨论,达成一致意见）。

项目经理在会前指定会议记录人,并将本周有变化的《首要风险列表》《问题跟踪表》等相关资料交给记录人,保证例会讨论的内容能被详细、准确地记录。

(3)项目例会需要完成的内容。

①项目组成员分别讲述上周的工作任务完成情况,未完成的工作及原因,工作中发现的问题以及解决方法等。

②项目经理根据汇总的项目组周报内容,总结上周的工作完成情况,让项目组成员及时了解项目状态。

③讨论识别出项目组内和相关组间的争议问题和潜在问题。

④讨论 QA 人员例行检查发现的不符合项,确定解决方法,指定专人解决。

⑤例会上讨论并确定项目经理根据项目组周报内容更新后的项目开发计划,主要是下一阶段或近几周的工作进度表。

项目例会结束后,项目经理或指定专人形成会议记录、更新项目进度表(有变动时)和更新各类跟踪表(包括《首要风险列表》《问题跟踪表》等)。

10.2　收集项目度量数据

10.2.1　项目度量

度量是将现实世界中的实体属性赋予数字或符号并以此对它们按照清晰定义的规则进行描述的过程。对于软件项目来说,项目度量就是以数字来描述项目过程中的各种实体属性的过程。

项目经理、项目质量保证工程师负责在项目过程中收集和分析度量数据。主要的度量数据有:规模估计值和实际值;工作量估计值和实际值;进度估计值和实际值;风险的估计值和实际值;关键计算机资源估计值和实际值;成本估计值和实际值;偏差分析结果等。

10.2.2　收集项目度量数据的步骤

跟踪采集过程主要是在项目生存周期内根据项目计划中规定的跟踪频率,按照规定的步骤对项目管理、技术开发和质量保证活动进行跟踪。其目的是监控项目的实际情况,记录反映当前项目状态的数据(如进度、资源、成本、性能和质量等),用于对项目计划的执行情况

进行比较分析,属于项目度量实施过程。一般项目度量数据的收集步骤如下:

(1)项目经理每周需要收集的项目度量数据反映在项目组周报中。

(2)质量保证工程师每周跟踪检查项目组周报、《首要风险列表》等的填写内容是否符合规定的要求,相关度量数据是否完成,并收集相关数据填写到《项目度量数据库》中的相应表格。

(3)质量保证工程师每周从项目组周报、QA 周报、《QA 不符合项报告》、《项目评审表》、测试问题报告中跟踪项目中发现的缺陷及其解决情况,在《度量汇总表》中填写《缺陷度量数据汇总表》,并通过《工作量分析图》分析各阶段的缺陷情况。

(4)质量保证工程师定期或事件驱动对收集的度量数据进行分析,将表格提交给项目组相关成员。

在以上步骤中,首先要建立采集的对象,采集的对象主要是对项目有重要影响的内部和外部因素。内部因素是指项目基本可以控制的因素,如变更、范围、进度、成本、资源和风险等。外部因素是指项目无法控制的因素,如法律法规、市场价格和外汇牌价等。一般要根据项目的具体情况选择采集对象。如果项目比较小,可以集中在进度、成本、资源和产品质量等内部因素。只有项目比较大的时候,才可以考虑外部因素。

10.3 处理项目偏离

各种项目状态数据在作项目计划时已经进行了规划,其中成本和进度是两个较为重要的项目成败因素。一般,项目是按照预算内完成、低于预算完成或者超过预算完成来评价项目的成败。超过预算会给项目经理以及公司带来很严重的后果,一个根据合同得到经费的项目,经费超支可能会导致经济损失。看到预算的重要性,就不难理解为什么很多的软件企业都很重视这方面的管理。项目管理面临的一个尴尬的现实是常常受到超支的威胁,为了预防这个威胁,项目经理经常在成本估算的时候添加水分,一般是先作出一个比较实际的估计,然后乘上一个系数来应付不可预测的问题,然而有的专家反对这种做法,认为这样反而会导致经费超支。因此,控制预算是一个非常重要的管理过程。对于超出控制容许偏差范围的情况,要引起重视,应该调查偏差发生的原因。

进度偏差也是项目经理关注的主要问题,进度落后是威胁项目成功的一个非常重要的因素。所以,一般在安排进度的时候,很多的项目经理对团队成员先紧后松,先让开发人员有一定的紧张感,然后在实施的过程中作适度的调节,以预防过度的紧张。这种做法可以给项目留出一定的余地,然后在实施过程中紧密控制,保证进度的偏差在可以控制的范围内。而发生的偏差在可以控制范围之外,则对计划的变更就不可避免了。

项目例会后,项目经理将项目实际实施情况和计划进行比较,采取措施调整更新项目进度,必要时进行项目开发计划变更。项目计划变更如图 10.6 所示,变更主要有计划更新与计划变更两种处理方式。

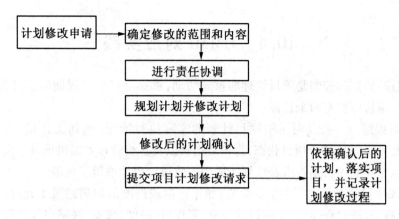

图 10.6　项目计划变更流程

10.3.1　计划更新

项目经理根据项目组周报、QA 周报和项目例会讨论结果,将项目实际实施情况和计划进行比较,采取措施调整项目。

估算值与实际值偏离较大时,需要对项目的活动重新进行估算,更新估算结果。

项目计划更新的内容包括:不涉及本里程碑进度的任务调整和细化,下阶段的任务细化,人员调整等。

项目计划的更新频率可以是每周或由项目经理根据事件驱动决定。

项目计划的更新由项目经理在项目开发库中实时进行,并定期纳入受控库进行管理。

项目计划的更新没必要生成新版本。

10.3.2　计划变更

涉及里程碑进度调整时,必须执行计划变更。计划变更的内容有:

(1)成本、规模、关键计算机资源、风险评估和成员人数分配等。

(2)新计划的交付日期、工作任务和在项目各个阶段中计划的工作量。

(3)项目质量保证计划、CM 计划、测试计划和需求跟踪表等相关文档。

(4)其他需要被更新以维护各个工作产品间一致性的工作产品。

(5)版本修订控制。

(6)计划变更必须按照配置管理过程——变更控制实行,通知所有相关组别,包括项目经理、研发部经理、总工程师和质量保证工程师。项目经理、总工程师要保证客户或客户代表得到通知,并得到客户的批准。并且项目组需要为变更后形成基线的 WBS 保存比较基准。

(7)项目变更由研发经理评审和批准计划变更。

(8)软件过程变更由 EPG 评审和批准。

(9)由配置变更引起的计划变更需经过项目经理评审并且批准。

(10)后续的跟踪就是按照变更后的比较基准来执行。

10.4 CMMI 对应实践

项目跟踪、监测和控制是项目管理的重要活动,贯穿项目生命周期的全过程。从 CMMI 的角度来说,项目监控有两个目标:

(1)通过跟踪、监测,及时了解项目计划的实际执行情况(包括工作量、成本、进度、缺陷、承诺以及风险等),评价项目状态,为项目组长以及各级管理者提供项目当前真实情况的可视性,并以它判断项目是否沿着计划所期望的轨道健康地取得了进展。

(2)如果项目状态偏离了期望的轨道,如工作量或进度的偏离超过了允许的阈值,则应采取纠正措施,改进过程性能,使项目的规模、工作量、进度、成本、缺陷以及风险得到有效控制,必要时修正项目计划,最终将项目调整到计划所期望的轨道上。

PMC(Project Monitoring and Control)项目监督与控制过程域,其目的是提供对项目进度的理解,以便当项目性能显著偏离计划时采取适当的纠正措施。

SG1 Monitor Project Against Plan(按照项目计划监控项目)。按照项目计划来监控项目实际的进度及性能。通常是通过对个人周报、项目周报、里程碑报告/阶段进度报告等的评审或数据收集分析来执行。

SP1.1 Monitor Project Planning Parameters(监控项目计划的要素)。在项目开发过程中,需要按照项目计划来监控与之相关要素的实际值。

SP1.2 Monitor Commitments(监控承诺)。按照项目计划的规定监控承诺的实现情况。

SP1.3 Monitor Project Risks(监控项目风险)。按照项目计划的规定监控风险。

SP1.4 Monitor Data Management(监控数据管理)。按照项目计划监控项目数据的管理,项目中形成的各类记录及文档、工作产品等都属于此范围。

SP1.5 Monitor Stakeholder Involvement(监控干系人的参与)。按照项目计划监控项目相关各方的参与情况。

SP1.6 Conduct Progress Reviews(执行进度评审)。参见 3.4 节。

SP1.7 Conduct Milestone Reviews(执行里程碑评审)。参见 3.4 节。

SG2 Manage Corrective Action to Closure(管理纠正措施直到关闭)。当项目性能或者结果明显偏离计划时,采取纠正措施,并对这些纠正措施进行管理,直到关闭。

SP2.1 Analyze Issues(分析问题)。收集和分析问题,并决定解决问题的纠正措施,形成需要纠正的问题清单,并附上纠正措施。

SP2.2 Take Corrective Action(采取纠正措施)。针对问题采取纠正措施。

SP2.3 Manage Corrective Action(管理纠正措施)。对采取的纠正措施进行管理,跟踪直至关闭,并且把结果形成记录。

10.5 案例分析

某软件开发企业项目经理根据风险计划实时监控项目风险的情况,跟踪结果是某阶段风险分析表及其处理方法,见表 10.1

表 10.1 某阶段风险分析表及处理方法

排序	输入	风险事件	风险说明	采取的措施
1	客户的 SOW	需求不明确,增加需求,导致需求蔓延	1. 客户提出增加"二次开发的接口模块"; 2. 客户的行政部门提出增加"办公自动化管理"和"固定资产管理"	1. 增加接口模块,技术上实现不困难,而且涉及面不大,工作量也不大,所以,同意用户的要求; 2. 增加办公自动化管理和固定资产管理两个模块工作量较大,而且可以与现有的系统独立运行,所以,经过与客户多次交流,最后确定作为另一个合同实施
2	WBS	供货商、外包商的产品质量问题	"网上考试"与本系统联调时存在很多不兼容问题	由于"网上考试"从用户的角度看可能使用率很低,而且以后可能不会使用此功能,是可有可无的功能,经与客户沟通,删除此功能,同时将增加的接口模块作为补偿
3	历史信息	开发人员的流动	开发人员中的一个人由于出国而辞职	从其他项目组借调熟悉本项目技术的人员,而且由于开发过程中过程文档控制得比较清楚,交接工作进行顺利

本章小结

项目跟踪及控制是项目管理的重要活动,也是保证项目能够顺利实施的重要手段。本章介绍了软件项目跟踪控制的内容、项目跟踪控制流程以及发生项目偏离时如何主动地解决。

思考题

1. 进行项目跟踪控制的目的是什么?
2. 软件项目跟踪与控制包括哪些内容?
3. 试述项目跟踪控制的五个步骤。
4. 如何处理项目偏离?

第 11 章

项目结束过程

学习目标:项目结束阶段是项目的最后阶段,这一阶段仍然需要进行有效的管理,适时做出正确的决策,总结分析项目的经验教训,为今后的项目管理提供有益的经验。通过本章的学习,应了解合同结束过程、项目结束过程及注意事项、项目管理建议等内容。

当一个项目的目标已经实现,或者明确看到该目标已经不可能实现时,项目就应该终止,使项目进入结束阶段。项目结束阶段是项目的最后阶段,这一阶段仍然需要进行有效的管理,适时作出正确的决策,总结分析项目的经验教训,为今后的项目管理提供有益的经验。软件项目的结束,即收尾工作按项目的进展一般可以分为两种情况:

(1)当项目由于某些原因提前完成或项目目标无法实现时,项目的收尾管理工作主要是进行项目终止。其终止原因主要有:

①项目已经不具备实用价值。

②由于各种原因导致项目无限期延长。

③项目出现了环境的变化,它给项目的未来带来负面影响。

④项目所有者的战略发生了变化,项目与项目所有者不再有战略的一致性。

⑤项目已经没有原来的优势,同其他更领先的项目竞争难以生存。

(2)当项目进展顺利,项目计划中确定的可交付成果已经出现,即项目正常结束时,项目的收尾工作包括项目移交验收和后评价两个阶段。而项目的收尾工作又包括合同收尾和项目收尾两大部分。

11.1 合同结束

软件项目合同结束过程的流程如图 11.1 所示,其内容主要包括甲方合同结束与乙方合同结束两个方面。

11.1.1 甲方合同结束的过程

1. 客户验收

客户验收(Customer Acceptance,CA)是指公司和客户依据合同及相关附件(如相对应的需求规格说明书等准确表达双方共同约定的有效文件),规范项目的验收和交付过程,保证公司各项目在交付阶段对产品进行审查和测试,以保证项目达到客户要求。具体流程如图11.1 所示。

(1)合同订制类项目必须在系统试运行之后进行客户验收阶段,然后再进入项目总结阶段;

（2）产品类项目要在贝塔（Beta）版之后再进入项目总结阶段。

（3）该阶段的进入准则为：产品的系统测试已经完成，《系统测试报告》已经评审通过之后，方可进入该阶段。

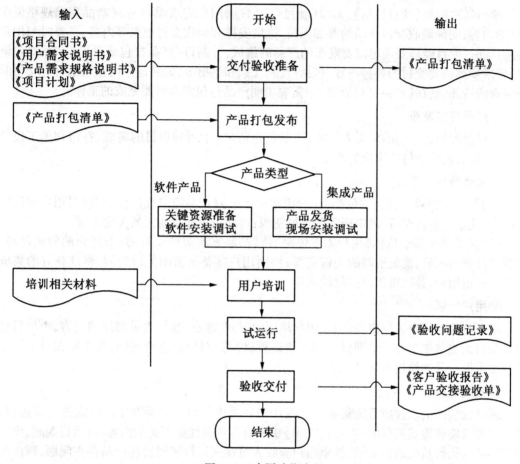

图 11.1　合同验收流程

2. 系统验收的步骤

（1）用户成果审查。用户验收人员审查开发方应当交付的成果。确保这些成果是完整的，并且是正确的。

（2）用户验收人员根据试运行的记录，确保产品的功能、质量符合需求。

（3）由用户编写《客户验收报告》，双方在《产品交接验收单》上签字确认。

3. 验收说明

（1）不同类项目的验收流程或方法说明。

①针对具体行业的产品类项目，在试点单位运行之后，用户验收通过，可以认为项目结束。

②通用类产品，如文字处理软件和杀毒软件等。在通过最多三次 Beta 版公测之后，即可进行发布，或者确定候选发布版。

③Web 网站的开发，可以采用原型法，在公测过程中逐步完善相关功能，直到客户认可。

（2）客户验收通过的标准。试运行过程中发现的所有缺陷均已得到解决；产品满足客户需求，并得到客户确认；《客户验收报告》已经生成，并得到客户的确认。

11.1.2　乙方合同结束的过程

1.交付验收准备

项目经理按照《项目计划》,参考《项目合同书》《用户需求说明书》《产品需求规格说明书》的内容,明确验收交付活动的参加人员、进度安排和验收交付地点等内容;必要时与用户协商;同时,项目经理要确定需要发布的产品的组成,并制订《产品打包清单》,《产品打包清单》要求罗列需要交付的各种内容,包括产品、文档和手册等,如果这些内容还不具有交付时所应有的特征,则在《产品打包清单》中需要说明产品打包发布所要完成的工作。

2.产品打包发布

项目经理指定专门的负责人完成《产品打包清单》中所列项目的集成、打包和美工设计等内容,形成最终交付给用户的产品。

3.试运行环境搭建

(1)软件类产品。开发方依据《用户需求说明书》《产品需求规格说明书》对用户的使用环境、实施条件进行调研,确定所需的关键资源;协同用户准备所需的关键资源。

(2)集成类产品。依据《用户需求说明书》《产品需求规格说明书》对用户的使用环境、实施条件进行调研,确定所需的关键资源;协同用户准备所需的关键资源;将准备好的集成产品发送给用户,并取得用户接收的确认。

4.用户培训

项目经理与用户进行协商,确认用户培训的时间、地点、参与人员和培训内容,由项目经理或项目组成员依据相关培训材料,如《培训教材》等,对用户进行培训,要求培训后用户能够初步掌握产品的使用方法。

5.系统试运行

调试安装好的软件或系统集成产品在用户环境中按照用户所期望的模式进行试运行,试运行要求能够覆盖到《用户需求说明书》中所有与产品性能有关的内容,试运行期间,由用户对产品的运行情况进行记录,如果用户验收人员在试运行期间发现产品存在问题,则由用户填写《验收问题记录》,并反馈给项目经理,项目经理应当视问题的严重性与客户协商是否需要将产品返给开发商,以及是否需要二次验收,针对发现的问题给出合适的处理措施,并跟踪问题直到系统关闭。

11.2　项目结束

11.2.1　项目结束过程

项目结束过程可分为四个步骤:制订执行结束计划、项目收尾工作、项目最后评审和项目总结。

1.结束计划

项目计划的一部分,乙方与客户一同评审项目结束计划,细化并实施项目结束计划。

2.项目收尾工作的内容

(1)范围确认。项目接收前,重新审核工作成果,检验项目的各项工作范围是否完成或者完成到何种程度,最后双方确认签字。

(2)质量验收。质量验收是控制项目最终质量的重要手段,依据质量计划和相关的质量标准进行验收,不合格不予接收。

(3)费用决算。费用决算是指对从项目开始到项目结束全过程所支付的全部费用进行核算,编制项目决算表的过程。

(4)合同终结。整理并将各种合同文件存档。

(5)资料验收。检查项目过程中所有的文件是否齐全,然后进行归档。

3.项目最后评审

项目最后译审包括是否实现项目目标、是否遵循项目进度、是否在预算成本内完成项目、项目进度过程中出现的突发问题以及解决措施是否合适、问题是否得到解决、对特殊成绩的讨论和认识、回顾客户和上层经理人员的评论以及从该项目的实践中可以得到哪些经验和教训。

4.项目总结

总结经验教训,整理软件项目历程文件,将项目中的有用信息进行总结分类并放入信息库。它是软件项目记录的资料,对将来的项目是有用的,可从中提取一般教训。

11.2.2 项目结束过程的注意事项

1.项目总结的目的

通过项目分析、总结和会审,对项目工作进行评价,使项目组的经验成为机构过程资产,并促进软件过程的不断改进。

(1)通过技术归档,为公司加强知识产权的保护提供了依据,不断增加公司的技术积累。

(2)通过技术交接,为产品进入市场后所必需的产品维护和客户服务做好必要的准备。

(3)通过产品会签和发布,确保公司向用户提供符合市场需求的软件产品。

2.代码复用总结的目的

(1)代码复用总结的目的是收集项目中的完成特定功能的代码,编辑成册,为其他项目组提供参考和借鉴,减少后续系统的开发工作,减少相同功能代码的开发工作。既提高了效率,又节约了成本。

(2)代码复用主要有两种形式,即二进制代码复用与源代码复用。

3.代码复用的原则

(1)代码复用要先从在当前项目中实现代码复用开始。

(2)应该从小模块开发。

(3)可复用的代码一定跟业务无关,跟业务相关的代码无法复用。到了代码阶段只有算法和逻辑,不要将业务引入代码复用。

(4)对接口编程。

(5)优先使用对象组合,而不是类继承。

(6)将可变的部分和不可变的部分分离。

(7)减少方法的长度;消除 case / if 语句;减少参数个数。

(8)类层次的最高层应该是抽象类。

(9)尽量减少对变量的直接访问。

(10)子类应该特性化,完成特殊功能。

(11) 拆分过大的类；作用截然不同的对象应该被拆分。

(12) 尽量减少对参数的隐含传递。

11.3 项目管理的建议

11.3.1 常见问题

1. 人员问题

(1) 缺乏适当的人员与技能。

影响：用人不当与资源分配失调是项目管理失误中最常见的现象。一个项目能否圆满完成，人员与技能的配备占了主导因素。用人不当的结果往往会导致项目无法继续执行，这样就算计划再好，也只是纸上谈兵。

解决方案：项目经理应全面了解及掌控技能与资源情况，包括对项目顾问、合约承包商和外包商的详细评估。使用项目管理软件可以帮助项目经理充分掌握所有团队成员的技能与工作量分配。在了解分工与职责后，项目经理就可以决定如何在日常工作和项目中合理分配资源或者指派专门的资源经理来负责解决人员与资源的分配问题。

如果在项目人员分配上依然有困难，或许可以考虑先查看整个公司的项目组合，然后暂缓那些与商业战略关系不大，或非关键任务的项目，从而释放部分可用资源。

(2) 缺乏富有经验的项目经理。

影响：如果没有一名经验丰富的项目经理掌控，项目很可能会随着发展而失去控制。

解决方案：聘用一名符合项目要求，并拥有出色人际关系处理技巧的项目经理。他应当有号召力，能够承受管理风险，并在团队成员和外部参与者之间起到协调作用。此外，一名优秀的项目经理也应该具备相关技术的知识与技能。

2. 流程问题

(1) 没有遵循标准的项目管理流程。

影响：这是项目管理中的第二大常见失误。缺乏合理的流程会提高项目风险，加大项目失败的可能性，最终导致无法在限定的时间与预算内完成项目。

解决方案：制订良好的项目管理流程能助提高项目效率，并及时捕捉到项目执行过程中的各种问题，控制风险。

项目经理应事先建立可重复的流程来进行项目规划、资源分配与成员沟通。这样才能保障项目所能产生的回报与成效。

(2) 流程太多太杂。

影响：过多的流程会让项目失去灵活性，继而影响参与者的积极性。

曾经有一家软件开发商告诉客户公司的项目经理，他们能够在不增加成本与工作量的基础上的项目添加额外的功能，但项目经理却回绝了这一建议，因为他觉得公司用户并没有要求这一功能。其实，只要不影响项目预算与计划进度，又征得用户的同意，多添加一些功能是利大于弊的。

解决方案：提高灵活性，与项目支持者及参与者积极沟通。

3. 管理问题

(1) 对项目变更缺乏追踪。

影响:要么预算超支,要么被进度拖慢(或两者兼有)。

解决方案:建立正式的变更申请流程,任何项目范围内的变更(比如添加新功能)都应在变更文件上详细注明,并由项目最高主管签字批准。此外,项目经理也必须判别出该申请对预算和时间进度会产生什么影响。

(2)对项目动态缺乏了解。

影响:管理学大师彼得德鲁克曾说过,无法管理就无法测量。反映到项目上,即无法及时协调资源,或对变更作出应变。

解决方案:使用软件。

(3)对小问题掉以轻心。

影响:问题不会自己解决。如果对小问题掉以轻心,那么它们就会演化成大问题,最终成倍地增加项目成本。

解决方案:端正项目团队成员的态度并加强他们的意识,及早纠错。否则等到亡羊补牢,为时已晚。

4. 计划问题

(1)没有定义项目范围。

影响:如果没有事先定义项目范围,那项目将无法满足预期的成效,也会因为缺乏方向而无法如期完成项目。

解决方案:通过商业用例和范围划定来纠正错误定义的项目。

(2)忽略项目之间的关联。

影响:忽略项目之间的关联会造成资源分配失调(比如配给某项目的人员也是另一项目所需要的),从而影响项目进度,作为连锁反应,其他项目也会受到拖累。

解决方案:在制订项目计划时将关联因素考虑在内。与项目参与者多交流,并绘制项目关联表,它可协助你明确了解各项目之间的关系。

(3)风险评估过于随意。

影响:项目脱离原有轨道,IT 需清理预料外的麻烦。

解决方案:风险评估应是项目计划的一部分。可以在团队中进行头脑风暴活动,收集可能发生的风险因素,然后设法规避这些风险。这一活动不会花费太久的时间,而且它也能帮助你在正式开始前充分了解项目的软肋所在。

(4)对用户抵触心理认识不足。

影响:用户对新技术的抵触会让项目所投入的资金与精力白费。

解决方案:在项目计划阶段先考虑到推行过程中的阻碍,并设法化解这些阻力。与那些工作将受新项目影响的用户交流沟通,向他们阐述项目会给他们的工作流程带来的有利变化与价值。

(5)时间进度表欠完善。

影响:团队成员对何时完成何种任务没有明确概念,这对整体项目的按时达成形成阻滞。

解决方案:最简单的方法是辨别出项目中所有的活动类型,并在这些活动后面标注预计完成的日期。使用项目管理软件亦可创建进度计划表。

5. 沟通问题

(1)对不合理的项目期限不作反驳。

影响:使自己陷入无法如期完成项目的窘境,并有损 IT 部门的信誉。

或许公司所设定的项目期限过于苛刻,而 IT 部门强行完成只会起到反作用。

解决方案:IT 经理应向公司管理层解释无法预期完成的实际困难,以及强行完成所需付出的代价(如成本大幅上升,资源预算超支等),让管理人员在成本和速度之间作出选择。

(2)与项目支持者、参与者缺少沟通。

影响:IT 无法达成预期的要求。

解决方案:在传递关键书面文件与表格的同时加以当面说明,并用对方能够理解的方式简明地阐述要点(有些商业人员不会理解长篇大论的技术术语)。

在这种沟通互动中,其实公司的商业分析师在用户与 IT 之间扮演了一个非常重要的协调角色。

建议对参与项目,或受项目影响的所有商业成员提供一份项目综述(从计划到部署),并标示出哪些活动要求商业人员参加互动,以及互动的目的。总之,IT 应多花一些时间来指导商业部门了解项目执行的步骤。

11.3.2 项目管理的经验和建议

项目管理是门科学也是门艺术,不同的项目经理会有不同的管理方法与技巧,不可以照搬照抄,要因项目而定。由于项目具有很多的特殊性,对于不同的软件项目,其项目目标差别很大。项目规模不同,应用领域不同,采用的技术路线差别也很大。因而,针对每个项目的不同特点,不同的组织应该针对自己的特点实施相应的策略,其管理方法,管理侧重点也应该是不同的。但是,有些项目管理经验与建议还是值得借鉴的,如:

(1)建立并遵循一套软件开发规划。

(2)授权项目人员。

(3)定义需求底线,管理需求变更。

(4)采取阶段性评估项目计划,必要时重新修改项目计划。

(5)以少数资深人员开始执行项目。

(6)不要确定不合理的项目目标。

(7)不要繁琐的功能,不要让多余的内容出现在项目中。

本章小结

项目结束作为整个项目的收尾工作常常不被重视,但仍是非常重要的过程。通过科学的项目结束过程的控制管理,包括合同结束和项目结束等过程,不但可以完成整个项目的整理工作,还可以为以后的项目执行提供宝贵的资料支持,项目经理通过对项目的完成的分析,可以总结出很多的经验与教训,为日后成为一名优秀的项目经理提供宝贵的财富。

思考题

1.试述合同结束与项目结束。

2.试述项目管理的常见问题及建议。

参考文献

[1] 韩万江,姜立新. 软件项目管理案例教程[M]. 北京:机械工业出版社,2009.

[2] 张万军,储善忠. 基于 CMMI 的软件工程教程[M]. 北京:清华大学出版社,2008.

[3] 中国项目管理研究委员会. 中国项目管理知识体系与国际项目管理专业资质认证标准[M]. 北京:机械工业出版社,2001.

[4] 杰克·吉多. 成功的项目管理[M]. 张金成,译. 北京:机械工业出版社,2001.

[5] 戚安邦. 现代项目管理[M]. 北京:对外经济贸易大学出版社,2001.

[6] 詹姆斯·哈林顿 H. 项目变革管理[M]. 唐宁玉,译. 北京:机械工业出版社,2001.

[7] 冯之楹,何永春,廖仁兴. 项目采购管理[M]. 北京:清华大学出版社,2000.

[8] 理查德·默奇. IT 项目经理实践入门[M]. 简学,译. 北京:电子工业出版社,2002.

[9] 凯西·施瓦尔贝. IT 项目管理[M]. 王金玉,译. 北京:机械工业出版社,2002.

[10] 斯蒂夫·迈克康奈尔. 快速软件开发——有效控制与完成进度计划[M]. 席相霖,译. 北京:电子工业出版社,2000.

[11] 左美云,邝孔武. 信息系统的开发与管理教程[M]. 北京:清华大学出版社,2001.

[12] 左美云,周彬. 实用项目管理与图解[M]. 北京:清华大学出版社,2002.

[13] PANKAJ JALOTE. 软件项目管理实践[M]. 施平安,译. 北京:清华大学出版社,2003.